# 工程伦理教育理论研究与教学实践探索

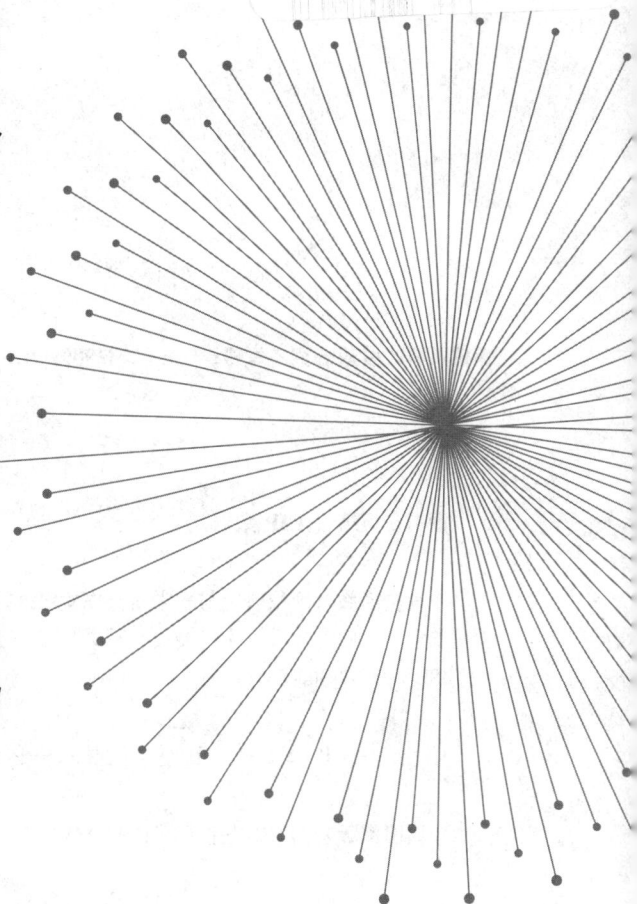

2023年全国工程伦理研究生教育教学交流研讨会征文

# Engineering Ethics Education:
# Theoretical Research and Pedagogical Practice

全国工程专业学位研究生教育指导委员会秘书处　编

清华大学出版社
北京

**图书在版编目(CIP)数据**

工程伦理教育理论研究与教学实践探索：2023 年全国工程伦理研究生教育教学交流研讨会征文 / 全国
工程专业学位研究生教育指导委员会秘书处编.—北京：清华大学出版社，2023.5
　　ISBN 978-7-302-63595-6

　　I.①工…　Ⅱ.①全…　Ⅲ.①工程技术－伦理学－研究生教育－文集　Ⅳ.①B82-057

中国国家版本馆 CIP 数据核字(2023)第 087756 号

责任编辑：冯　昕
封面设计：钟　达
责任校对：薄军霞
责任印制：沈　露

出版发行：清华大学出版社
　　　　网　　　址：http://www.tup.com.cn, http://www.wqbook.com
　　　　地　　　址：北京清华大学学研大厦 A 座　　　　邮　　编：100084
　　　　社 总 机：010-83470000　　　　　　　　　　邮　　购：010-62786544
　　　　投稿与读者服务：010-62776969, c-service@tup.tsinghua.edu.cn
　　　　质量反馈：010-62772015, zhiliang@tup.tsinghua.edu.cn
印 装 者：三河市铭诚印务有限公司
经　　销：全国新华书店
开　　本：185mm×260mm　　　印　张：11　　　　字　数：267 千字
版　　次：2023 年 5 月第 1 版　　　　　　　　印　次：2023 年 5 月第 1 次印刷
定　　价：48.00 元

产品编号：101436-01

# 编 者 按

　　培养大批德才兼备的工程科技人才、打造卓越工程师队伍，是加快建设世界重要人才中心和创新高地的重要保障，是推动制造业高端化、智能化、绿色化发展的重要基础。深入贯彻落实党的二十大精神，需要工程教育以国家战略需求和社会经济发展为导向，推进教育改革发展，服务国家战略人才储备。

## 一、工程呼唤伦理

　　工程的历史实际上就是一部社会经济的发展史。而工程伦理，则伴随着工程师和工程师职业团体的出现而发展。改革开放以来，中国的工程建设取得了巨大成就。随着工程数量的增加、工程规模的扩大，工程与社会、自然之间的关系日益凸显。为了在培养过程中就让工程伦理在工程师心里"生根发芽"，20世纪90年代后期，清华大学、浙江大学、西安交通大学等一批院校相继开设工程伦理的相关课程。为把部分高校的实践和探索推广应用到其他高校，在教育部的领导下，全国工程专业学位研究生教育指导委员会（以下简称"工程教指委"）于2014年12月提出，育人要有前瞻性，要注重价值观的塑造，决定启动工程伦理课程建设的筹备工作，并于2015年3月组建工程伦理课程建设专家组。专家组成立后，工程教指委在教材建设、师资培训、在线课程等方面采取了一系列措施。

　　**教辅资源方面**，《工程伦理》教材于2016年7月出版，2019年对原有各章节内容进行了修订并新增"全球化视野中的工程伦理"一章，出版了第2版；2019年9月出版《世界500强企业伦理宣言精选》，介绍了17家不同行业的500强企业的伦理章程和伦理宣言。**师资培训方面**，自2016年8启动第一期师资培训至今，已举办26期师资研修班和多次教学研讨会，参加的教师逾2000名，覆盖330余所高校。**在线课程方面**，《工程伦理》在线课程于2016年9月在学堂在线平台上发布，并于2020年重新录制上线，选课人数已达近40万人次。**案例建设方面**，工程教指委与教育部学位发展中心合作，依托专家组开展案例建设，目前已完成38个教学案例及相应的教学指导书；2022年底又出版了《工程伦理案例集》，为工程伦理课程教学提供案例支持。**专家工作坊方面**，围绕工程伦理教育的热点、难点及关键问题，设立"中国制造"到"中国智造"的伦理自信、工程伦理案例教学和教材建设等议题，开展七期工程伦理工作坊，促进与国外伦理教育专家、行业企业管理人员，以及国内工程伦理教育研究专家的交流与合作。

## 二、发展促进提升

　　在刚刚过去的2022年，重大工程捷报频传：中国空间站全面建成，首架C919大飞机正式交付，第三艘航母"福建号"下水，白鹤滩水电站全面投产……从航空航天到江河湖海，一项项重大工程令国人骄傲，令国际瞩目。这些成就的取得，与中国重视工程教育、注重工程人才培养紧密相联。

**工程实践呈现新发展趋势**。在新一轮科技革命条件下，数字化转型、智能社会来临，人类社会基础性技术架构发生转变，改变了当代工程的形态、组织实施方式、社会作用机制，也引发了诸如数据权力、新生物技术和智能机器情境下人的身份、责任主体认定等伦理问题。同时，以人工智能、量子计算、合成生物等技术为引领的"未来产业"，需要在工程实践中建立跨领域、跨部门、跨行业的伙伴关系，需要处理复杂情况下的伦理问题与利益冲突。现在和未来的工程从业者，将面临多种角色混淆和多重利益冲突的困境，迫切需要提升工程人才的工程伦理素养。

**工程培养单位发展较快**。硕士层面，经过2020年的审核增列和2022年的工程硕博培养改革专项，全国工程类硕士授权点已逾2000个。众多新增授权点面临着须将"工程伦理"纳入公共必修课的任务，原有授权点也面临着工程伦理课程的教学模式创新、教育效果提升等任务。博士层面，目前工程类博士授权单位数量比2020年之前增长速度加快，增幅超100%。从整体上看，工程类博士工程伦理课程建设尚处于起步期，其课程定位与目标、课程教学的重点内容、课程教学与考核的方式等还需进一步研究和讨论。

中共中央办公厅、国务院办公厅2022年印发《关于加强科技伦理治理的意见》，指出科技伦理是开展科学研究、技术开发等科技活动需要遵循的价值理念和行为规范，是促进科技事业健康发展的重要保障；教育部2020年发布《高等学校课程思政建设指导纲要》，明确表示要注重强化学生工程伦理教育，激发学生科技报国的家国情怀和使命担当。

工程之本，唯在得人；伦理之要，贵在育人。近年来，工程技术领域提出"负责任创新"理念，注重企业社会责任与技术创新活动的有机结合，以促进经济、社会和科学技术协调发展。在这一背景下，为促进教学实践交流和教育理论研究，推动工程伦理教育的全面发展，工程教指委面向广大师生、行业产业相关人员开展了主题征文活动，并决定将经过专家评审的论文编纂成册。希望这些论文对交流经验、开阔视野、活跃思路起到有益作用，同时也希望有更多的老师投身于工程伦理教育教学工作中，共同探讨工程伦理教育的理论与实践，让工程伦理成为未来工程技术和管理人才的强烈意识，并体现到千千万万个具体的工程实践中。

由于时间仓促，选编过程中恐有疏漏和不妥之处，敬请批评指正。

全国工程专业学位教育指导委员会秘书处

2023年3月

# 目　录

# "知行合一"
## ——有关工程伦理教育的几点思考①

于 雪，王 前，李 伦

（大连理工大学哲学系，大连 116024）

**摘 要：** "知行合一"是工程伦理教育的必然要求。实现这一要求需要通过传授工程伦理知识、培养伦理意识、提升道德行为能力等一系列环节。在工程伦理教学常用的案例分析、情景模拟、开放式课堂讨论、现场参观实习等方法中，都可以具体贯彻"知行合一"的要求。通过对具体案例的剖析，可以具体展现如何在工程伦理教学中贯彻"知行合一"的要求。

**关键词：** 知行合一；工程伦理教育；伦理意识；道德情感；道德行为

在世界范围内，工程伦理教育最初兴起于 20 世纪 70 年代的美国，随后在德国、荷兰、英国、中国等国家陆续展开[1]。工程伦理教育的发展，在很大程度上源于工程教育专业认证中明确提出了开设工程伦理课程的要求[2]。我国的工程伦理教育是从 1990 年左右起步的。1992 年，我国率先进行建筑学领域的工程教育专业认证。2006 年，教育部发布"全国工程教育专业认证实施办法"，明确了 14 个专业领域的工程教育认证要求。2013 年 6 月，我国加入"华盛顿协议"，这意味着我国的工程伦理教育开始与世界接轨。根据美国国家科学基金会与国家科学委员会 2018 年发布《科学与工程指标》报告显示，中国 2003 年起在科学和工程领域的学位授予人数稳居世界第一，2000—2014 年获得科学与工程学士学位的人数由 35.9 万人增长到 165 万人，而同期美国的这一人数仅由 48.3 万人增长到 74.2 万人[3]。由于工程专业学位授予人数的迅速增长，对我国工程伦理教育普及的呼声也越来越高。2018 年 5 月，国务院学位委员会印发《关于转发〈关于制订工程类硕士专业学位研究生培养方案的指导意见〉及说明的通知》，要求将"工程伦理"正式纳入工程硕士专业学位研究生公共必修课。该通知的出台更加凸显了工程伦理教育的重要性。然而，工程伦理课程不同于工程专业的其他知识性和技能性课程，因为这门课程涉及培养学生的伦理意识和道德情感，最终要落实到学生的道德行为上，所以简单套用知识性和技能性课程的教学模式和方法肯定达不到工程伦理教育的预期效果。我国的工程实践活动是在特定的社会文化环境中展开的，面临具有我国自身特点的工程伦理问题。因此，本文尝试运用我国传统文化中"知行合一"的思想渊源，探讨适合我国特点的工程伦理教育途径、方法和评价模式。

---

① 资助项目：本文为辽宁省普通高等教育教学改革研究"新文科背景下哲学专业'体验式教学'的创新与实践"的阶段性成果，大连理工大学研究生研究生精品课程资助项目（JPKC2021009）的阶段性成果。

## 一、"知行合一"是工程伦理教育的必然要求

很多人将"知行合一"简单理解为理论与实践相结合，这种理解不够全面。"知行合一"是明代思想家王阳明的学术主张，他的"知行合一"具有特定含义，主要强调伦理意识和道德行为的统一。这里"知"特指伦理意识，即"良知"；而"行"特指道德行为，即在实践中体现伦理意识[4]。伦理意识一定要落实在道德行为上，才是真正的"知"；而行为一定要体现道德的要求，才是真正的"行"。显然，"知行合一"的"合一"指的是"知"与"行"融为一体，要提高伦理意识必须通过道德实践（"致良知"中的"致"就是"行"），因此道德教育必须通过道德实践，增强道德体验，培养道德情感，提升道德境界，最终达到"良知"，即"直觉的知识"（不假思索就直接实施道德行为）[5]。

工程伦理教育的目的是培养工程共同体相关人员的伦理意识，使他们在工程实践中实施道德行为。工程伦理教育不同于工程技术知识教育，不能满足于传授知识、掌握知识、考核对知识的理解程度。仅仅在考试中达到准确理解和记住工程伦理知识的要求，并不能保证学生们一定能在实践中实施道德行为。西方工程伦理教育的主导思想是规范伦理学。以规范伦理学为基础的工程伦理，体现的是对工程活动中的目的性行动和后果的控制，以此为基础的工程伦理教育往往侧重知识性教育。而注重"知行合一"的工程伦理教育则体现为一种"养成教育"，即不能停留在一般性原则的讲授上，不能局限在教材上，不能指望一次性授课解决终身问题。工程伦理教育是体验性课程、实践性课程、持续性课程，是需要不断提升的课程。以"知行合一"思想为核心的工程伦理教育主张确立工程伦理的德性伦理基础，唤起人们对工程实践中"知"与"行"的辩证认识，强调工程技术人员的美德和社会责任，从根源上发挥工程伦理的作用。在这个意义上，"知行合一"是工程伦理教育的必然要求。

## 二、工程伦理教育中实现"知行合一"的途径

在工程伦理教育中贯彻"知行合一"的理念，需要由知识传授入手，将工程伦理知识转化为伦理意识，再转化为道德情感，最后体现在道德行动上。具体包括以下四个方面：

### 1. 传授工程伦理知识

通过课堂教育传授工程伦理知识，是工程伦理教育的第一步，也被称为"嵌入式途径"（embedded approach）[6]。传授工程伦理知识不可避免会涉及工程技术实践中的具体问题，要用典型案例说明问题，这就要求授课教师对工程伦理知识和所涉及的工程技术专业知识都有准确了解，而这并不是容易做到的。有些人文学科出身的教师讲工程伦理课，如果不用心就可能在介绍工程技术专业知识时说外行话；而理工科出身的教师有可能把工程伦理问题想得很简单，介绍工程伦理基本理论时流于肤浅。这两种情况都会使学生产生不信任感，影响教学效果。因此，准确传授工程伦理知识需要培养适应这种跨学科教育的专业师资，加强教学经验交流与研讨。

### 2. 使学生形成自觉的伦理意识

在传授工程伦理知识的基础上，还需要引导学生形成自觉的伦理意识。从"知行合一"角度使学生形成道德意识，主要体现在以下四方面要求：第一，引导学生学会在具体的工程技术事件中识别出伦理道德问题，因为工程常常是"双刃的、有双面面孔的和在道德上有双重性的"[7]，学生们需要具备辨识工程实践中相关伦理道德问题的能力；第二，大部分工程专业的学生将来会成为专业的工程技术人员，因此学生们要通过接受工程伦理教育明确工程技术人员在工程实践中的道德责任；第三，通过对学生进行工程伦理教育，使他们了解工程技术人员在工程实践中的一般性道德规范和特殊性道德规范；第四，需要引导学生学会对工程技术发展中出现的新情况进行伦理反思，特别是在高新技术领域，目前很多新问题还缺乏明确的伦理规范，因此需要培育学生们的道德敏感性，以应对新情况和新问题。

### 3. 培育学生养成道德情感

道德情感是对伦理原则和道德规范的一种敬重感，是自觉的伦理意识的深化。工程伦理教育中的道德情感培育，体现为使学生具备强烈的社会责任感、正义感和道德良知，对违背工程伦理的不良倾向极为反感。道德情感的来源既包括内在的道德意志和道德理性的驱动，也包括外在的道德情境的培育[8]。因此，从"知行合一"角度培育学生养成道德情感，需要使学生学会设身处地地思考和感受具体的道德情境，从内心深处领会道德情感的力量。比如，美国华盛顿大学的巴特亚·弗里德曼提出的"价值敏感性设计"（value sensitive design, VSD）就提到了道德教育需要道德情感的支撑[9]。

### 4. 使学生具备实施道德行为的能力

工程伦理教育的最终目的是使学生具备实施道德行为的能力。这不仅是指培养学生具备一般的道德决策能力，根据已经明确的伦理原则和道德规范决定自己该做什么，不该做什么，还需要培养学生具备解决具体道德问题的实践智慧。亚里士多德的"实践智慧"强调的是审时度势，即能够在具体的道德情境中提出相应的道德对策，对于一些道德难题，能够基于"实践智慧"提出创造性的解决方案。工程技术活动中面临的伦理问题是复杂的、多样化的，实施道德行为有可能面临各种风险。如何使学生们学会用机智巧妙的方式实施道德行为，既能够保护公众利益和国家利益，又能维护好个人的切身利益，对学生来说至关重要，这也是工程伦理教育最终发挥成效的关键环节。

## 三、工程伦理教育中"知行合一"的方法

在工程伦理教育中贯彻"知行合一"的要求，可以通过多样化的课堂教学手段将伦理意识渗透到学生的学习过程之中，也可以通过丰富的课外活动提升学生的道德敏感性。

### 1. 在案例分析法中体现"知行合一"

案例分析法是工程伦理教育中最主要的方法之一，其核心是通过对案例的剖析实现对工程实践中伦理问题的理解[10]。从"知行合一"的要求角度看，案例分析的目的在于从具

体案例中体会到如何在类似案例中识别伦理问题并正确加以应对，起到"举一反三，触类旁通"的效果。这就需要选取恰当的工程伦理案例[11]，对该案例的基本情况、事件影响、事故原因等进行准确阐述。在此基础上，概括出同类事件的共性问题，揭示其背后的根本原因，并针对此类案例提出合理的对策建议，要特别注意其可操作性。

### 2. 在情景模拟法中体现"知行合一"

情景模拟法或称角色扮演法，是体验式教学的一种体现形式。情景模拟法的核心在于通过情景还原的方式，使参与的学生切身体会该情景中的伦理要素与冲突，从而在模拟的基础上真正地意识到潜在的伦理问题。这一方法在国外的工程伦理教育中得到很多应用，如加拿大约克大学"普莱斯"模式、墨西哥"卢卡斯"模式等，都采用了这种教学方法。从"知行合一"的要求角度看，情景模拟法的要点在于教师要引导学生进入设定的情境，由不同的学生代表不同的利益相关者并一同分析该情境中的伦理问题，尽可能设想各种潜在的可能性，从而使学生有身临其境的参与感。

### 3. 在开放式课堂讨论中体现"知行合一"

这种讨论需要教师事先准备一些没有固定答案但学生们都有兴趣和一定思考的话题，如"人类是否应该制造有情感的机器人？这种机器人是否应和人类有同等待遇？""如果将来你到某化工企业工作，你的领导命令你偷排污水，你准备如何应对？"学生们会对这些问题发表各种议论，甚至出现不同意见的争论，而教师要起到主持人的作用，适当点评，及时引导，纠正偏见，最后全面总结。这种讨论方式能够相互启发，集思广益，有助于深化对工程伦理知识的理解和运用，更好地培养道德情感和道德决策能力。

### 4. 在现场参观和实习中体现"知行合一"

工程伦理教育与工程技术活动密切相关。深入企业和工程现场，结合工程伦理的实际问题进行参观和实习，能够进一步增强亲身体验，深化工程伦理意识和道德情感，这是工程伦理教育不同于其他知识性课程的独特优势，也是体现"知行合一"的最有效途径。这种方法是一种"走出校门"的教学方法，促进高校与企业、政府、专业研究团队的跨领域合作教学，或称之为"联合教学模式"（joint venture model）[12]，为学生们提供更加多元化的工程伦理视角。工程技术专家的参与也能够激发学生的学习兴趣，从而更好地理解工程伦理的实践要旨。

总的来说，在工程伦理教育中常用的案例分析法、情境模拟法、开放式课堂讨论、参观实习等方法中，都可以具体贯彻"知行合一"的要求。

## 四、贯彻"知行合一"要求的示范性案例分析
## ——以日本福岛核电站事故为例

2011 年 3 月 11 日，日本东北部地区发生里氏 9.0 级地震，继而发生海啸，导致福岛核电站受到严重损坏。3 月 12 日，日本经济产业省原子能安全和保安院宣布，受地震影响，

福岛第一核电厂的放射性物质泄漏。4月12日，福岛核电站事故等级被定为最高的7级（特大事故）。截至2018年2月，福岛县已诊断159人患癌，34人疑似患癌。其中被诊断为甲状腺癌并接受手术的患者中，约一成的人癌症复发再次接受手术。该事故的技术原因是电站的外部电网全部瘫痪，加之备用的柴油发电机由于被海啸摧毁而未能正常工作，致使反应堆余热排除系统完全失效。事故背后的伦理原因是日本东电公司缺乏社会责任感，设备老化未及时更新，灾前灾后忽视安全隐患、疏于管理。在福岛核电站事故处理上也存在伦理问题，涉及相关部门应对不利问题、核电站泄漏后的污染废水排放问题、核电站工作人员及周边民众的人员安全问题，等等。

对于这个案例，从贯彻"知行合一"的途径上看，值得思考的问题是：日本是一个自然灾害发生比较频繁的国家，民众的风险意识比较强，对于核技术事故的后果相当重视，为什么在福岛核电站这样技术水平很高的企业也会发生这样的重大事故？原因在于关键岗位的管理人员、设计人员和操作人员缺乏足够的安全意识和社会责任感，单纯出于经济利益的考虑而降低了防范意外重大风险的标准，反映出伦理意识和道德情感的缺失，这些事情是企业之外的普通民众很难了解并发挥作用的。

从工程伦理教育中实现"知行合一"的方法上看，可以在课堂上通过案例分析法、情境模拟法、开放式课堂讨论等形式引导同学们深入理解该案例中未能践行"知行合一"的根源，特别需要注意针对行业特点，开展对关键岗位的管理人员、设计人员和操作人员的工程伦理教育，使其在伦理意识和道德情感的层面充分履行自己的社会责任，使工程技术活动真正为人类造福，避免由于违背工程伦理的要求而给民众带来意外的伤害。

# 参 考 文 献

[1] CAO G. Comparison of China-US engineering ethics educations in Sino-Western philosophies of technology[J]. Science and engineering ethics, 2015(21):1609-1635.

[2] 李世新. 国外工程伦理教育的模式和途径[J]. 自然辩证法研究, 2011(10): 113-114.

[3] National Science Board. Science and engineering indicators 2018[EB/OL]. [2018-01-15] (2019-08-18). https://www.nsf.gov/statistics/2018/nsb20181/assets/nsb20181.pdf.

[4] 方克立. 中国哲学大辞典[M]. 北京: 中国社会科学出版社, 1994: 448.

[5] 王前, 刘文宇. 现代技术伦理的"知行合一"问题[J]. 东北大学学报(社会科学版), 2006(1): 5-9.

[6] CRUZ JA, FREY WJ. An effective strategy for integrating ethics across the curriculum in engineering: an ABET 2000 challenge[J]. Science and Engineering Ethics, 2003(9), 4: 543-568.

[7] 辛津格. 工程伦理学[M]. 李世新, 译. 北京:首都师范大学出版社, 2010: 97.

[8] 康德. 实践理性批判[M]. 邓晓芒,译. 北京: 商务印书馆, 1960: 76-77.

[9] FRIEDMAN B, KAHN PHJ, BORNIN A. Value sensitive design and information systems[C]//ZHANG P, GALLETTA D. Human-computer interaction in management information systems: foundations. Advances in management information systems. Sharpe: Armonk, 2006: 348-372.

[10] 哈里斯, 普里查德, 雷宾斯. 工程伦理概念和案例[M]. 丛杭青, 沈琪, 等译. 北京: 北京理工大学出版社, 2006:1-2.

[11] 何菁, 丛杭青. 工程伦理案例教学的价值设计——兼论场景叙事法的课堂引入[J]. 高等工程教育研究, 2019(2): 188-193, 200.

[12] ZANDVOORT H, VAN HASSELT G J, BONNET JABAF. A joint venture model of teaching required courses in "ethics and engineering" to engineering students[J]. European journal of engineering education, 2008(33), 2:187-195.

## 作者简介：

于雪（1989—　），女，大连理工大学哲学系副教授，博士，硕士生导师，研究方向：科技伦理与科技哲学。

王前（1950—　），男，大连理工大学哲学系教授、博士生导师，研究方向：科技伦理与科技哲学。

李伦（1965—　），男，大连理工大学哲学系教授、博士生导师，研究方向：科技伦理与科技哲学。

# 根植于校企融合的工程伦理教育
# 优化路径研究①

王　薇，王卫东，易　亮，王树英，傅金阳

（中南大学土木工程学院，长沙　410075）

**摘　要**：改善工程伦理教育质量、提升工程人才伦理素养是我国新时代工程教育改革的重点诉求。基于工程伦理教育性质、融合校企双方优势力量是探索工程伦理优化路径的重点攻关方向。将工程伦理教育纳入人才培养的全过程是优化路径设计的首要前提。教育定位、培养目标、课程体系和教学渠道是人才培养的重点环节。从以上维度分析现阶段伦理教育存在的问题，明确校企双方在其中的着力点和协同方式，并由此设计工程伦理教育优化方略及路径，是工程伦理教育模式变革的重要途径。

**关键词**：工程伦理教育；校企融合；工程人才培养；优化路径设计

## 一、引　言

工程通常被认为是有目的、有组织地改造世界的实践活动[1]。而随着我国工业化和城镇化水平的不断提升，工程规模逐步扩大，多元复杂性日益提高，影响范围不断扩大，其概念也因发展节奏加快而不断升级，这就对工程技术的创新和应用提出了更高的要求。

近年来，在工程技术创新飞速推进的同时，部分高新尖端技术如转基因技术等已经引发了越来越多的伦理争议。同时，随着工程技术发展的大型化和复杂化，它为自然和社会带来的负面效应更是不容忽视[2]。但目前的发展思路仍是更加注重工程技术创新，轻视工程和伦理之间愈演愈烈的矛盾。而科学技术发展所具有的实现性、创新性等固有属性，使得未来必将出现更多富有挑战性的伦理问题[3]，这会让更多的工程技术人员陷入更加矛盾的伦理困境。因此必须要转变工程相关人员对待伦理道德的认知态度，扭转当下忽视工程伦理问题的局面，强调并正视工程伦理教育，提升工程技术人员的伦理认知和伦理品质等素养。

工程伦理教育是新时代高等工程教育体系的重要组成部分[4]，更是提升技术人员伦理素养的关键环节，但现阶段存在最严重的问题是"工程伦理教育在我国高等工程教育顶层设计中没有得到重视甚至缺位"[5]。只有将伦理教育纳入工程教育顶层设计，发展工程教育、提高工程人员的综合素质才不会是空中楼阁。而在当下的伦理教育环节中，伦理素养培养目标模糊，课程体系设置不合理、偏重理论教学等弊端则更进一步导致伦理教学脱离

① 资助项目：2019 年湖南省研究生优秀教学团队：中南大学隧道系教学团队、铁道工程教学团队；中南大学校级教改项目"以植物生长视角探讨土木工程专业课'课程思政'建设路径"（2020kesz019）；中南大学校级教改项目"以产学协作为抓手的国家一流课程的持续建设"（编号：2021jy055）；中南大学校级教改项目"土木工程学科-专业-课程思政协同育人模式研究"（编号：2022kesz028）。

实际，难以切实解决工程实际问题。另外，缺乏真实的工程实践情景和伦理教育渠道，也是导致工程伦理教育"营养不良"、人员素质"先天不足"的重要原因。因此，研究工程伦理教育的优化路径、全面提升人才综合能力成为必然面对的课题。

提升工程技术人员伦理素养的必要前提是重视工程伦理教育的顶层设计，并将其纳入工程技术人才培养全过程。同时，也必须解决上述伦理教育环节中的一系列问题。但由于伦理问题复杂的社会和实践属性，使得探索工程伦理教育优化路径时，不能将目光局限于高校的教学改革，应当结合企业端协同改革。企业端拥有大量的工程具体案例和解决实际伦理问题的丰富经验。在工程伦理教育优化中加入产业行业资源，不但可以明确真实情境下工程伦理的目的导向，完善其顶层设计，还可以借由实际案例和行业经验等元素丰富课程体系，更能为工程伦理教育提供大量的实践契机和现实课题。融合校企双方之力，能够更好地引导学生直接且深入地理解工程技术的复杂性与工程伦理的必要性[6]。确保学生可以将伦理教育与专业知识相结合，在具体的工程实践中理解并运用工程伦理知识，真正具备完善解决伦理问题的能力与素养，才能"让工程伦理成为未来工程科技人才的一种强烈意识，并具体体现到千千万万个工程实践中"。

## 二、根植于校企融合的工程伦理教育优化维度分析

工程伦理教育必须融入人才培养全过程，才能有效推动伦理教育的优化提升。本文拟从教育定位、培养目标、内容体系、教育渠道四个维度立体分析工程伦理教育在人才培养流程中面临的问题，明确校企双方在其中的着力点和协同方式，探究工程伦理融入人才培养环节的方式方法，由此确定根植于校企融合的工程伦理教育优化路径设计。

工程伦理教育优化维度分析与路径设计如图 1 所示。

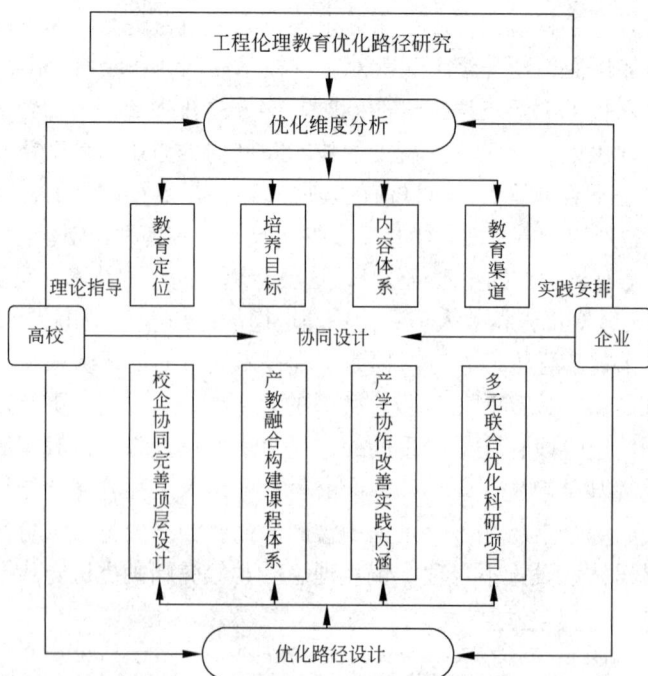

图 1 工程伦理教育优化路径研究路线

### 1. 校企协同厘清工程伦理教育定位

工程具有不可忽视的技术复杂性和社会联系性，因此，其伦理问题也不可能是简单的内部问题，需要高校、行业企业正视伦理教育的意义。另外，在伦理教育环节，若是仅将工程伦理知识作简单的理论介绍，弱化甚至忽视伦理问题的社会关联性和工程伦理的应用性，势必导致工程伦理教育定位模糊，致使其在人才全过程培养中的缺位。

因此，高校必须充分重视工程伦理教育在工程类技术人才培养中的重要作用，改变其尴尬地位。同时，工程伦理教育变革不能仅局限于高校内部，需要在政府、行业企业等多方力量的协同作用下进行优化完善。基于高校和企业之于人才培养的意义，双方应当协同推进工程伦理教育与工程技术教育相互融通、共同促进，在具体的工程实践中培养工程伦理观念，使工程伦理成为新工科背景下卓越工程科技人才培养的重要组成部分。

### 2. 多方联合明确工程伦理培养目标

目前，在我国工程技术人才的全过程培养中，相对更注重专业知识、工程实践等能力的培养，而我国从工程教育大国走向工程教育强国的转变，无疑对工程技术人才的综合素养提出了更高的要求。但当下无论是高校还是企业，对综合素质这一培养目标的构成要素认识存在缺位，进而导致综合素质培养相对薄弱。工程伦理教育作为综合素养模块中的重要组成部分，同样缺乏明确的课程目标定位和完善的教学内容设计。

因此，在工程伦理教育中，高校需要结合行业企业要求明确伦理素养维度标准，即伦理素养这一培养目标应当具备怎样的维度。其一是对职业道德的要求，除却对工程人员专业知识、工程实践能力的要求，还需要他们对工程的技术性和社会性有着相对深刻的理解；其二是对社会责任的阐释，一位合格的工程师不仅需要最大限度地避免社会效应对工程的影响，还需要最大限度地协调平衡工程相关多方的利益诉求。

### 3. 产学协作构建工程伦理内容体系

现阶段，我国工程伦理教育往往更偏重于知识传授，忽视具体的工程实践案例之于工程伦理教学的重要作用，但简单的知识灌输难以提升学生对工程伦理教育的价值认同，单一的教学方式也使工程伦理教育缺乏必要的应用可能。目前的工程伦理课程缺乏合理的内容体系设计和丰富的教学方法设计，且与具体工程实践联系不够紧密，导致学生无法在具体的工程情境中适当地运用伦理知识解决问题。

因此，需要融合校企双方之力构建合理完善的工程伦理教育体系。首先，应当引导学生提升工程伦理意识，宏观理解工程伦理教育之于工程发展和演变的作用；其次，需要将伦理知识与学科知识有效整合，帮助工程技术人员更好地运用系统思维来解决工程伦理问题；最后，有必要依托高校高等工程教育的优势，发掘合作企业潜力，丰富教学内容和教学方法。最终形成体现工程伦理价值、提升技术人员综合素养的课程内容体系。

### 4. 产教融合拓宽工程伦理教育渠道

目前，我国的工程伦理教育更倾向于单方施力，仅将高校作为工程伦理教育的主阵地，忽视社会、行业企业、相关专业等力量的协同乘法效应。缺少合力的伦理教育无法应对现实需求，既脱离工程实践的现实情境，更远离现阶段我国工程技术的发展现状。

因此，开展优质伦理教育、培育一流工程人才必须形成多方合力，拓宽教育教学渠道。首先，需要充分融入行业产业资源，校企协同制定工程伦理实践教育方案，提升工程伦理实践项目的个性化和针对性；其次，借助社会、相关专业等方面的能量，开展渗透工程伦理的科研项目。最终，形成多元协作、权责清晰的工程伦理教育教学渠道。

## 三、根植于校企融合的工程伦理教育优化实现路径设计

### 1. 完善顶层设计，将伦理教育纳入培养体系

鉴于我国工程伦理教育的现状，必须通过规则化的手段确认工程伦理教育的定位，才能充分发挥工程伦理教育在高等工程教育中的重要价值。为此，必定要校企双方共同着力完善工程伦理教育顶层设计。

首先，各工程院校需要调研大型企业及各工程协会对于工程伦理的界定与解释，同时结合高校自身对于工程伦理教育的执教经验，校企两端共同制定工程伦理教育的维度与标准。具体而言，可从职业道德规范、公众福祉、公私利益权衡、社会影响等多个维度出发，结合行业实际情况，制定针对性强、有可操作性的工程伦理教育指南。

其次，高校应当将工程伦理纳入工程技术人才培养与评价的标准体系。高校应把工程伦理教育作为工程类学科建设的重点，将工程伦理教育指南融入工程类课程的教学体系，并在企业端的协助下探索适宜的工程伦理教育模式；在工程教学评估、专业学科评估、毕业生综合考评等人才培养重点环节，将工程伦理相关要素作为重点考核内容，完善工程伦理教育的实施环节。

### 2. 构建课程体系，将伦理知识融入教学内容

随着工程教育的纵深发展，需要全面提升工科技术人员的伦理素养，故宜将工程伦理教育融入高等工程教育的全过程，在公共课、专业基础课和专业选修课中加入工程伦理的相关内容，并分别选择适宜的课程内容与教学方法，校企协同构建完整的工程伦理课程体系。

首先，明确工程伦理融入课程体系的方式。根据工程类课程设置情况，公共课、专业基础课和专业必修课各有侧重，又相互交融，工程伦理教育必须通过合理的课程设置，才能完整地融入工程类课程体系，因此必须在三类课程中都融入工程伦理教育的精神，才能实现工程伦理教育的全面贯通。

其次，分类细化工程伦理教育的课程内容。工程伦理内涵丰富，为了系统地培养工程伦理素养，应当在行业企业及高校协同下，依据工程伦理的教育指南设置不同类别的课程中工程伦理的教学内容及方式。例如，在公共课程中的内容，可由高校编制，主要采用相对系统的理论教学；在专业课程中的内容，可采用案例教学或研讨式教学，由合作企业依据具体的工程实践编制教学案例，增强工程伦理教育的针对性和应用性，科学、高效地提升工程伦理课程的教学效果。

### 3. 改善实践内涵，行业资源注入实践教学

工程伦理教育优化改革的最终目的是解决实际的伦理问题，即"从工程中来，往工程中去"，因此，工程伦理教育推进不能与工程实践活动脱节，应当以产学协作为基础探索工程伦理教育优化路径。

首先，在工程伦理课程体系完善的基础上继续融入行业产业力量。工程伦理教育不能仅凭借理论教学和案例教学。一方面，需要由校企联合携手创建工程实践情境，即在工科教学的不同教学阶段，依据具体情况，或邀请企业技术人员做报告、讲座，提供生动的伦理教学；或由企业导师定期调研典型的工程伦理案例，结合技术前沿和行业要求，培养学生解决实际工程伦理问题的能力。另一方面，需要以校企为主体，借助政府及社会等多方力量，为工程技术人员提供大量有针对性的实训实践机会。只有身临其境，面对并明确具体的工程相关人员的多方利益要求，才能强化技术人员的工程伦理认知，提高其伦理素养。

其次，根据行业企业要求，在实践环节中补充工程伦理维度的考评指标。通过"以评促教"的形式，进一步完善工程伦理素质结构。在课程中的实践部分以及工程实习最终的考核阶段，以社会责任、职业素养等伦理维度等作为考评重点，既能间接巩固学生对工程伦理的认识，也能从侧面推进学生工程伦理品格的养成。

### 4. 优化科研项目，多方协同提升伦理素养

工程实践活动本身带有一定的研究和设计性质，因此在工程教育的改革创新中，必须充分重视学生的科研能力。工程伦理素养应当是现代工程人员科研能力的重要组成部分。在科研项目中注重工程伦理精神的浸润，将有效地深化学生的工程伦理敏锐度，在日后的工程实践活动中，也能够帮助他们更好地解决工程伦理问题。

一般情况下，伦理问题是更偏向哲学视域的问题，为了培养工程伦理意识，就必须建立哲学观感和哲学思维。因此，可以由政府、社会组织项目，由企业、高校工程学院和哲学学院等多方力量联合申请工程伦理研讨类项目，帮助工科类、科学技术哲学类等专业方向的学生全方位地建立伦理意识，协作多元伦理行动者的沟通交流。

同时，应在科研项目内容中融入更多的伦理要素。现阶段我国的工程科研项目主要强调工程设计和技术研发，如果缺少伦理要素的约束，工程结果可能会给社会带来负面影响。因此，要在研究中着重考虑、调研并分析科研成果对社会产生的影响，强化正面效应，尽量规避负面结果。

## 四、结　　语

工程伦理教育是在行业企业发展与伦理道德反思的双重诉求中应运而生的，具有强烈的实践导向和现实关怀，是回应社会变革的时代命题。高校是工程伦理教育的主要实战阵地，行业产业是工程伦理问题的多发地和实践基地，因此，只有融合高校和行业产业资源的优势力量，探究校企双方在人才培养全过程中的改革节点和协同方案，才能明确工程伦理教育的优化路径，切实提升工程人员伦理素养，进一步推动工程伦理教育的快速转型与升级。

# 参 考 文 献

[1] 沈珠江. 工程哲学就是发展哲学——一个工程师眼中的工程哲学[J]. 清华大学学报(哲学社会科学版), 2006(2): 115-119.

[2] 安鹏君. 当代工程技术发展的伦理困境与对策研究[D]. 成都: 西南石油大学, 2012.

[3] 林健, 衣芳青. 面向未来的工程伦理教育[J]. 高等工程教育研究, 2021(5): 1-11.

[4] 肖凤翔, 王珩安. 斯坦福大学工程伦理教育的经验与启示[J]. 高教探索, 2021(9): 75-80.

[5] 杨斌, 张满, 沈岩. 推动面向未来发展的中国工程伦理教育[J]. 清华大学教育研究, 2017, 38(4): 1-8.

[6] 李安萍, 陈若愚, 胡秀英. 工程伦理教育融入工程硕士研究生培养的价值和路径[J]. 学位与研究生教育. 2017(12): 26-30.

## 作者简介：

王薇（1969—    ），女，博士，中南大学土木工程学院副教授，主要从事隧道及地下空间的教学与科研工作。

王卫东（1971—    ），男，博士，教授，中南大学土木工程学院院长，主要从事铁路线路规划、土木工程 BIM、地质灾害防灾减灾和轨道交通智能建造的教学与研究工作。

易亮（1979—    ），男，博士，教授，中南大学土木工程学院副院长，主要研究方向为建筑火灾防治、建构筑物防火设计与评估、城市公共安全与人员疏散。

# 融合课程思政的"水工程伦理"线上线下混合式案例教学①

邱　微[1]，南　军[1]，刘冰峰[1,2]，于　航[2]

（1. 哈尔滨工业大学环境学院，哈尔滨　150090；2. 哈尔滨工业大学研究生院，哈尔滨　150076）

**摘　要**：2018 年，国务院学位办将工程伦理设置为工程专业学位研究生必修课。水工程对保民生、促环保、保障国民经济发展具有重要作用。开设"水工程伦理"课程，构建课程建设体系，突出科研育人主线，传承百年名校红色基因，遴选工程案例并有机融合课程思政，开展线上线下混合式教学，旨在培养学生的伦理思辨能力，为国家输送具有生态文明理念、有责任勇担当的工程人才，为国家水行业可持续发展提供支撑。

**关键词**：水工程伦理；课程思政；案例教学；线上线下混合式教学

现代工程具有投资大、参与单位众多、科技水平高、技术复杂、风险高、影响面广等特点，工程师不得不承担严重超出自己承受能力的巨大的社会和环境责任。工程伦理教育应该成为工程教育的"开学第一课"，对培养学生的社会责任感、工程伦理意识及价值塑造具有重要的促进作用。工程伦理教育是工程人才培养的重要环节，通过工程伦理教育培养工程人才的社会责任感，提高其伦理意识，增强其遵循伦理规范的自觉性，提升其应对工程伦理问题的能力与水平，从而使工程更好地造福人类社会[1,2]。2018 年，国务院学位办将工程伦理设置为工程专业学位研究生必修课。

水是生命之源、生态之基。水工程对保民生、促环保、保障国民经济发展具有重要作用。结合专业特色，面向水行业培养具有生态文明理念、有责任勇担当的工程人才，为国家水行业可持续发展提供支撑。开设"水工程伦理"课程，通过讲授工程伦理基本知识，引导未来工程师把公众的安全、健康和福祉放在首位，践行绿色可持续发展的工程理念。通过课程教学，帮助"未来的工程师"学习基本的工程伦理知识，形成正确的世界观、人生观和价值观，提高工程师责任担当，降低工程职业全过程发展成本和风险，引导学生早日成长为一个合格的工程师，为社会作出积极的贡献。

## 一、"水工程伦理"课程建设体系

针对工程类专业课程以工程应用为背景、紧密结合实际的特点，"水工程伦理"采用"课

① 资助项目：教育部学位与研究生教育发展中心 2021 年主题案例立项：生态文明思想内涵解读与案例分析（ZT-211021307）；"水工程伦理"：哈尔滨工业大学研究生精品课程培育项目、研究生精品课程；"水工程伦理"：哈尔滨工业大学 2022 年高水平研究生教材立项。

程知识要点+工程案例+思政元素"的教学设计模式，将关键知识点与工程案例相结合，潜移默化地融入思政元素，以科研育人为课程主线，构建两个思政元素库，结合教学内容遴选思政元素和案例，融入未来工程师培养的教学环节，潜移默化地进行理想信念教育、爱国主义教育、环境和工程伦理教育等。工程专业课与思政教育同向同行，形成协同效应，坚定未来工程师的理想信念，共筑美丽中国梦（图 1）。

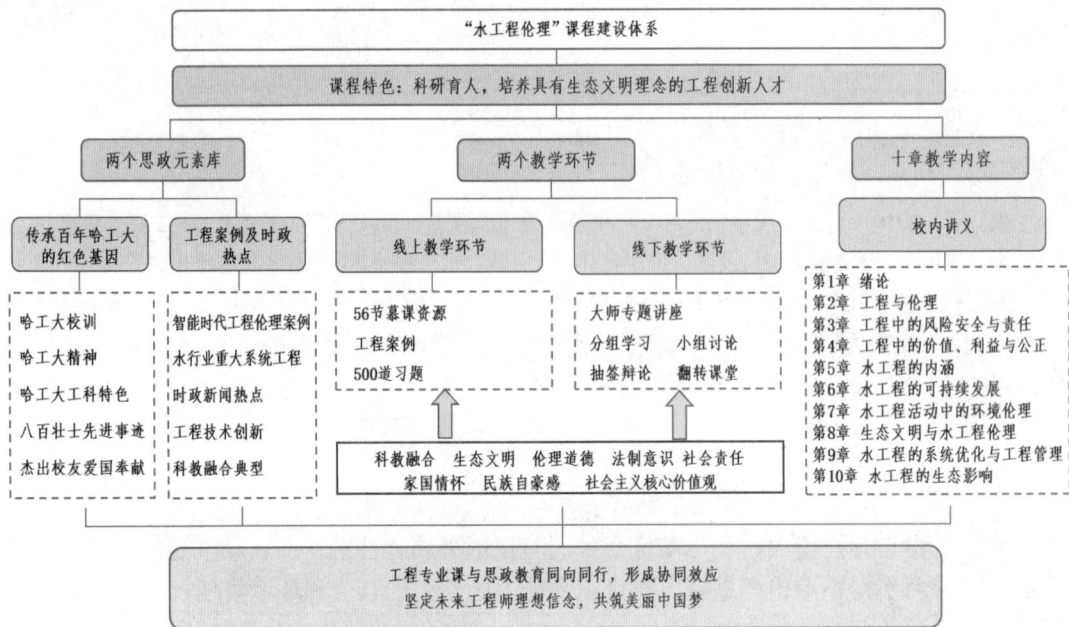

图 1 "水工程伦理"课程建设体系

## 1. 课程特色

课程授课对象为研究生一年级的学生，课程授课团队打造"大师+团队"的组合，由中国工程院院士领衔，授课教师都是长期深耕教学科研一线的教授、博士生导师，具有丰富的工程经验。课程突出科研育人的特色，通过团队教师的科教融合、率先垂范，以及为行业领域解决重大环保问题、应急救援等工程实践，达到润物无声的课程思政教育。注重培养具有生态文明理念的工程创新人才，让生态文明理念、创新意识、道德素养、伦理意识内化于心，外化于行，并做到知行合一。

## 2. 两个思政元素库

课程团队注重对学生知识传授、能力培养与价值引领的有机统一，挖掘和积累思政元素，形成了两个思政元素库。第一个思政元素库，侧重突出工科特色，围绕哈工大的校训、哈工大精神、哈工大八百壮士先进事迹、办学百余年培养的杰出校友爱国奉献的事迹等内容，传承百年哈工大的红色基因。第二个思政元素库，侧重围绕智能时代水工程伦理案例、水行业重大系统工程、时政新闻热点（如党的二十大报告精神）、工程技术创新、科教融合典型等，旨在培养水行业工程师的责任担当。

### 3. 两个教学环节

课程开展线上线下混合式教学改革，构建线上教学环节、线下教学环节，并在上述教学环节中有机融合伦理意识培养等课程思政元素，全方位培养学生的伦理意识。

1）线上教学环节

线上教学环节以课程基本知识传授为重点，录制了56节线上教学视频。精心设计了大师访谈式课程入门引领，讲解工程伦理基本概念，分析水工程案例，将习近平生态文明思想引入课程，通过学习习近平生态文明思想的内涵要义，结合具体工程案例，让学生明确习近平生态文明思想对工程实践的指导等。对慕课资源进行课程教学设计的时候，就注重增强学生的工程思辨能力，通过典型工程案例，深入分析伦理困境，自然融入伦理道德、法制意识、社会责任和家国情怀，培养工程人才的责任担当。同时，构建了线上教学课程习题库，已有习题500道，随着课程的开设，不断丰富补充。该慕课资源已经在学堂在线、智慧树等平台上线运行，选课群体不仅是在校研究生，还有很多开设工程伦理课程的高校教师。

2）线下教学环节

线下教学环节以大师专题讲座、培养学生内化于行的伦理意识、小组团队协作为重点，每学期授课。课程团队的中国工程院院士都亲自为学生做线下讲座，分享在水工程领域从业几十年的丰富经验、应急救援等亲身经历，为学生传道授业解惑。通过组织小组讨论、抽签辩论、翻转课堂、角色扮演、各组代表分享观点等多元化方式，充分调动学生学习积极性，激发学生创新意识，培养学生伦理思辨能力。在组织学生讨论、辩论的时候，注重增强学生的工程思辨能力，提高工程人才的伦理意识，增强工程人才的生态文明理念，培养工程人才的创新思维和工程实践能力，提升工程人才应对工程伦理困境的思辨能力。

3）教学内容

课程教学内容主要有十章，总论部分包括绪论、工程与伦理、工程中的风险安全与责任，以及工程中的价值、利益与公正。为了更进一步突出水工程的特点，以及面向水行业培养复合型工程人才的特色，还专门涵盖了以下内容：水工程的内涵、水工程的可持续发展、水工程活动中的环境伦理、生态文明与水工程伦理、水工程的系统优化与工程管理，以及水工程的生态影响等。

## 二、案例教学与课程思政的有机融合

2020年5月28日，教育部在《关于印发〈高等学校课程思政建设指导纲要〉的通知》（教高〔2020〕3号）中明确指出："工学类专业课程，要注重强化学生工程伦理教育，培养学生精益求精的大国工匠精神，激发学生科技报国的家国情怀和使命担当。"2021年12月22日，教育部高等教育司在《关于深入推进高校课程思政建设的通知》（教高司函〔2021〕19号）中进一步阐述了课程思政建设的内涵："课程思政是要寓价值观引导于知识传授和能力培养之中，帮助学生塑造正确的世界观、人生观、价值观。"广大教师要科学挖掘各类课程自身蕴含的思想政治教育资源，不要求大求全、面面俱到，要努力做到课程思政教学目标明确、内容科学、特色鲜明，实现育人育才相统一。坚持以研究生思政教育目标引领课程思政改革，激发研究生主动参与课程思政教学改革实践[3]。

## 1. 工程案例的特点

工程案例直观、生动，具有感召力和警示作用。工程伦理的案例教学以实际案例为载体，在课堂中讲述并分析实际工程案例发生的前因后果，展示工程案例的具体伦理道德困境[4]。以案例中的真实问题为导向，引领学生设身处地置身于案例场景，通过分析辨识案例中存在的伦理道德问题，引导学生在具体伦理情境中独立思考、分析、讨论，鼓励学生充分表达自己的观点，培养学生的工程伦理意识和道德素养。

选取具有代表性、时效性的工程案例，同时注意案例与授课内容的适应性。结合工程伦理课程的教学目标与教学对象，形成教学案例库，并及时更新。明确学生是学习的主体，在工程伦理的案例教学过程中，要引导学生思考工程案例中所蕴含的价值塑造、工程行为准则和规范等。教研团队多年来在教学一线和科研实践中积累了大量的工程案例，通过精选具有警示作用和感召力的代表性工程案例，开展基于案例教学的工程伦理授课模式，针对案例的工程情境，结合视频播放，通过设计具有逻辑性的系列问题，引导学生深入思考，调动学生主动学习的积极性，增加学生思辨的兴趣，增强工程伦理课程教学的信服力。

## 2. 工程案例的选取和教学展示

为保障工程伦理案例教学实施的效果，针对授课学生所在专业，结合国内外工程领域的发展趋势，采用正面案例与反面案例相结合的选取模式。通过正面案例的讲解，充分体现工程师及各利益攸关方的职业伦理道德，通过输入正能量，引导学生在工程活动中进行伦理思辨。同时，适当选取反面案例，讲解在忽视工程伦理道德的情境下，由违背自然规律、违规操作、未排除安全隐患等常见事故原因，所引发的问题及带来的后果，并对破坏生态环境的行为进行批判。借助栩栩如生的案例，引导学生深入、独立、自主思考，并触及其心灵深处，为今后在工程情景中的伦理评判奠定思想和理论基础。

根据课堂教学需要，工程案例教学以多种形式展现给学生。一方面，可以制作精美课件，注重图文并茂，突出重点，将工程案例生动地呈现给学生。另一方面，借助媒体播放软件，下载跟工程案例直接相关的视频，通过剪辑编辑，直观展现给学生完整的工程案例。也可以通过翻转课堂的形式，选取具备代表性的工程案例提前布置给学生，让学生课后查阅详细资料，在课堂中请学生讲解、分析工程案例，并设置提问、讨论等环节，引导学生充分表达思辨的结果。无论采取何种工程案例的展示形式，其宗旨都是鲜活地呈现工程案例，进而针对工程案例的情景，引导学生对工程行为进行思辨和分析，培养学生具备伦理判断的能力。

## 3. 案例教学与课程思政的有机融合

2016 年 12 月 7 日，习近平总书记在全国高校思想政治工作会议上的讲话中强调："好的思想政治工作应该像盐，但不能光吃盐，最好的方式是将盐溶解到各种食物中自然而然吸收。"课程团队坚决落实立德树人根本任务，"育人"先"育德"，构绘显性课程教育与隐性思政融入相统一的育人蓝图，润物无声地开展课程思政教育。课程引入习近平生态文明思想，结合重大水污染应急事件等案例，将行业复杂工程案例融入课堂教学，引领学生在案例分析中自发思辨，对具有不确定性特征的工程伦理问题作出价值判断，让伦理道德的素养内化于心、外化于行，做到知行合一。

通过"大师+团队"的授课教师组合，结合授课教师奋战教学科研一线的工程经验，突出科研育人，启发学生创新思维，融入生态文明思想，增强学生的使命感、责任感，坚定学生理想信念，教育学生爱党、爱国、爱校、爱专业。例如，在 2005 年松花江水污染事件、2020 年新冠疫情医疗废水消毒技术应用等案例中，哈工大院士专家团队奔赴一线参与应急救援，通过科技报国，彰显家国情怀和责任担当，为学生树立榜样，明确人生奋斗的方向，筑牢学生的社会主义核心价值观。

## 三、"水工程伦理"线上线下混合式案例教学

### 1. 线上教学

以课程团队精心策划、设计制作的"水工程伦理"慕课资源为主，将思想政治教育导向与工程伦理意识融入研究生素质培养和科学研究中，在"云端""传道授业解惑"。指导学生自主利用课外时间进行课前线上学习，主要包括：观看慕课视频，自主学习思考并回答课程弹题、章节测试题，鼓励学生在讨论区针对思考题发帖分享观点。同时，学生可以通过在线平台反馈学习中遇到的问题，便于教师合理安排线下学习的内容和方式。

### 2. 线下课堂

针对学生在线上学习反馈的问题，教师通过线下课堂集中讲解，引导学生掌握理解课程中的重点、难点问题。线下教学以师生互动为主，适时分享课程教学团队参与的实际工程、国家重大突发污染事件等科教融合的典型案例，融入生态文明思想、可持续发展观等思政元素，对学生有意识地进行思想引领，加深学生对专业知识的理解，树立专业自信，培养学生的家国情怀，增强学生的民族自豪感和自信心。

案例讨论采用分组学习的方式，课前布置课程安排，要求各学习小组成员分工协作，参与到具体案例分析、讨论环节，培养学生团队合作精神，使学生更好地掌握课程所学知识，训练学生知识迁移和创新能力。课中，结合工程案例开展角色扮演，让学生自由选取不同的角色，从不同的立场分析观点，深入思考伦理问题。同时，每组小组成员进行观点梳理，并通过研讨型教室的黑板进行板书梳理，最后再由授课教师总结案例，并以"春风化雨、润物无声"的方式进行思政升华。在怒江水电站开发的工程案例中，采取抽签辩论的方式，对"怒江水电站开发是利大于弊，还是弊大于利"展开辩论，强化学生的伦理思辨能力，让伦理意识内化于心、外化于行，使其在今后工程从业中，做到知行合一。线下课堂采用不同形式的教学活动，充分调动学生学习的积极性和主动性，通过划分学习小组，明确各小组成员分工，鼓励学生充分表达自己的观点，锻炼学生集智攻关、团结协作的协同精神。

## 四、结　　语

"水工程伦理"突出科教研育人，传承百年哈工大的红色基因，遴选课程思政元素库中元素和案例，融入线上线下混合式教学环节，把政治认同、国家意识、文化自信、人格养

成等思想政治教育导向与工程伦理意识培养有机结合，为国家输送具有家国情怀、责任心和使命感，敢于担当、为民奉献的优秀人才。

## 参 考 文 献

[1] 李正风, 丛杭青, 王前, 等. 工程伦理[M]. 北京: 清华大学出版社, 2016.
[2] 杨斌, 张满, 沈岩. 推动面向未来发展的中国工程伦理教育[J]. 清华大学教育研究, 2017, 38(4): 1-8.
[3] 王义康, 李海芬, 王一. 高校研究生课程思政实施中的问题与对策研究[J]. 研究生教育研究, 2022(3): 57-60.
[4] 李庆丰, 袁明月. 工程教育互动式教学法研究: 基本概念、应用现状及改进策略[J]. 黑龙江高教研究, 2018(5): 137-141.

**作者简介:**

邱微（1980— ），女，工学博士，教学拔尖教授/博导，哈尔滨工业大学环境学院教师，研究方向：水质安全保障、碳足迹、研究生教学改革等。

南军（1971— ），男，工学博士，教授/博导，哈尔滨工业大学环境学院副院长，研究方向：水质安全保障技术、智慧水系统、水处理工艺设备强化与优化运行技术等。

刘冰峰（1981— ），男，工学博士，教授/博导，哈尔滨工业大学研究生培养处副处长，研究方向：生物质资源与能源化、研究生教育教学改革。

于航（1982— ），女，管理学博士，哈尔滨工业大学研究生院培养办主任，研究方向：研究生教育管理。

# 工程伦理指导下城市更新的思路转变
## ——以"华润后海模式"为例①

赵自强[1]，李 平[1]，刘立栋[1,2]

（1. 清华大学深圳国际研究生院，深圳 518055；2. 华润学习与创新中心，深圳 518055）

**摘 要**：本文以华润建设后海中心区为例，阐述工程伦理指导城市更新的意义与实践，以工程伦理助推城市转型的进程。采用深入访谈、文献分析和案例研究法，围绕华润建设后海中心区的实践，分析案例基本情况，并着重分析其中的思路转变和伦理特征。工程伦理对于城市更新具有重要的指导意义，通过对华润建设后海中心区案例的阐述与分析，为工程伦理指导下的城市更新乃至区域转型提供可借鉴的具体实践。

**关键词**：城市更新；工程伦理；公正原则；可持续原则

工程伦理对于城市更新、区域转型具有重要的指导意义。城镇化是中国最大的内需潜力和发展动能所在，但在其建设过程中也难免存在一些不足。城市更新中不仅需要工程技术的有力支撑，还离不开先进价值观念的正确引导。工程伦理便是引导价值观念转变，凝聚科技、人文、艺术、管理，推动智慧与文明城市建设的重要思想力量[1]。本文以华润建设后海中心区为案例，展示城市更新的思路转变，以及工程伦理在其中介入与指导的可能性。

## 一、城市规划中的矛盾与方向

"城市不只是建筑物的群集，更是文化的归极（polarization）。"[2]91 在芒福德笔下，城市发展有两种可以借鉴的模式：一为"希腊式"，二为"罗马式"。前者强调"城市与市民合而为一"，城市的发展与人类的精神气质、市民生活交相融合，是一种内蕴文化、自由开放的"理想城市"。[2]161-170 后者则是"城市发展失控"的典型，耽于物欲与享乐，物质上扩张，文化上却衰败。[2]251-256 城市的发展，绝不只是经济兴盛、高楼林立，而是需要讲求城市文化与市民生活，"希腊式"的"理想"与"罗马式"的"衰败"，并非只是历史图景中偶然的一瞬，而仍是如今城市发展的前车之鉴。

经济利益长期以来一直是中国城市建设中的首要考虑因素。改革开放以来，中国城市化进程不断加快，到 2019 年城市化率已超过 60%[3]。但这一成就实质上是"以粗放的空间扩张换取经济发展"[4]，忽视城市规划和运营不仅制约了其发展，还造成了土地空间有限、水资源和能源短缺、人口过剩、环境承载力严重透支这"四个难以为继"的现实困境。

① 资助项目：国家社科基金一般项目"中美负责任创新跨文化比较研究"（19BZX039）阶段性研究成果。

"四个难以为继"的问题决定了城市更新的目标和方向。城市更新需超越既往单纯关注经济价值的规划目标，将经济、社会、文化和生态价值整合在一起，实现均衡协调，以促进区域振兴和生活和谐。而这便需要借用工程伦理，以伦理学"高屋建瓴"的理论、原则、观念，指导城市规划与城市更新中的具体实践，以避免走向"罗马式"的城市发展之路，并去拥抱"希腊式"的城市文明。

## 二、后海中心区的更新历程

后海中心区源自深圳市填海造陆所得，是深圳市未来的城市中心所在。2006 年，深圳市发布《深圳市土地利用总体规划（2006—2020 年）》，今日的后海中心区便在其填海造陆规划之中。2010 年，正值深圳经济特区成立 30 周年，国务院正式批准《深圳市城市总体规划（2010—2020 年）》，确立了"福田中心"与"前海中心"的双城市中心战略，后海中心区即在前海中心的范围之内，成为未来的城市中心所在。据此，不仅确立了后海中心区在城市发展中的重要地位，而且提出了"区域协作、经济转型、社会和谐、生态保护"的城市发展目标与方向。

华润作为"后海运营商"，以代建形式参与后海中心区的城市更新。2015 年，彼时的后海虽是政府与企业眼中未来的城市中心，但仍"百废待兴"，除却寥寥几幢新建筑外，周围满是荒地和泥滩。为更好地规划、开发、经营这块区域，南山区委区政府便同华润集团领导座谈讨论，并最终正式签署战略合作协议。华润集团成为"后海运营商"，全面负责这 2.26 km² 片区内公共设施的建设及运营[5]。华润对后海中心区的开发，主要分为两个关键项目：人才公园和深圳湾文化广场。

人才公园所在原本是深圳湾的人工湖，曾是 F1 摩托艇世锦赛分站赛的举办地。但随着场地改造，分站赛停办，人工湖已遭废弃，变成了荒地和泥滩。此后，华润便在此以植物造景，建设公园，为深圳市开辟亲近自然的新场所，提供新契机。

2016 年，在深圳市政府的要求下，华润置地将深圳的"人才"理念纳入园区建设，使其成为中国第一个以"人才"为主题的公园，人才公园因此得名。人才公园的所有景观，都意在体现出深圳对各类人才的尊重、关怀和鼓励，并借此营造出一种尊重人才的文化氛围与城市精神。

对生态环境的恢复和保护也是人才公园建设中的重要一环。人才公园的建设完工在即，原先的荒滩、砾石被代之以芳草如茵、碧水清流，一派优美的自然风光。但绿意盎然的背后却破坏了鸻鹬类水鸟越冬时所必需的生存环境，荒滩乱石反而是其觅食与休憩的乐园，绿化工程使得水鸟越冬数量从 5000 只骤降至 500 只[6]。对此，华润重视并采纳了深圳市观鸟协会的建议，在人才公园环湖驳岸周围设置了一些木桩和砾石泥滩，以供候鸟栖息。而观赏候鸟也同时被作为人才公园科学教育的一部分，形成人、候鸟和环境和谐共存的公园生态系统。

深圳湾文化广场，顾名思义，在其经济价值外，政府和华润更看重其文化价值的彰显。在深圳湾文化广场的项目规划中，政府明确规定了土地的使用性质，在寸土寸金的后海划定了多达 5 万 m² 的区域，以建设未来的深圳创意设计馆和深圳科技生活馆[7]。为更好地完成创意设计馆和科技生活馆的建设，华润和政府向全球征集、评选设计方案，历经数年的多次讨论，最终得以确定名为"文化原石"的建设方案。深圳湾文化广场的建设如今仍如火如荼，建设方华润已经畅想出未来的"美好画面"："在后海中心区，我们想实现这样一个场景：你可能带着小孩，或是与家人、朋友一起在人才公园聚会、跑步，周末听听院士讲堂，去旁边万象城购物、吃饭，可以在春茧运动，小孩在这边培训，大人可以去旁边的艺术中心看看艺术展、文化展。如果我们提供这样的平台场景，整个城市会变得非常有活力。"①

## 三、城市更新中的伦理指导原则

### 1. 公正原则

工程领域的公正原则是指"工程活动不应该危及个体与特定人群基本的生存与发展的需要；不同的利益集团和个体应该合理地分担工程活动所涉及的成本、风险与效益；对于因工程活动而处于相对不利地位的个人与人群，社会应给予适当的帮助和补偿。"[8]所谓公正，便是其收益与风险皆人人平等，而非有意倾斜或偏惠。

工程领域涉及多元价值诉求，公正原则便体现于多元价值的平衡与共赢。经济与商业价值虽然重要，但城市更新并不以此为唯一，而是会兼顾社会、文化、生态等多元价值，在其中作出取舍，以实现价值上的平衡。后海中心区地价高昂，一味地兴建商业设施势必能为政府与企业获得最高的利润；但政府需要为整座城市的市民负责，其与企业所重视的也不唯经济价值一项，譬如文化价值亦是其关注重点。因此，后海中心区便有"文化广场"而非"商业广场"的项目规划，以期让更多市民体验到文化价值带来的精神享受。在多元的价值中，文化价值与生态价值最常被提及、最多被关注。

城市更新切不可忽视文化价值。在工程建设里，文化价值是其重要组成部分。对于一个历史悠久、文化绵长的传统城市来说，保护旧城区、老建筑和传统民俗是其关键；对于以深圳为代表的新兴城市来说，在城市更新中融入城市文化、塑造城市精神是其首要任务。文化价值不仅要塑造城市的新形象，还要注入城市灵魂、熔铸城市精神。例如，在人才公园建设中，华润将深圳的"人才理念"融入其中，或化作人才雕塑园、人才功勋墙等景观以作点缀，或以其求贤阁承办院士讲堂，或以常设展览的形式向公众展示深圳的人才发展历史与人才创新成果；此外，在商业中心为文化广场和其中的"两馆"留下了足够的空间，成为广大市民驻足、休闲、学习的完美场所。

城市更新同样也不应忽略生态价值。生态价值通常指人与自然的融洽相处、对生态环境的维护等。工程建设通常侧重于肉眼可见的环境破坏风险，如污水排放、垃圾处理和植被破坏，而忽视对某些动物可能产生的负面结果。在人才公园建设中，原先设定的绿化方案反而对候鸟的栖息造成了负面的结果，并未导向生机盎然的景象，这出乎了多数人的意料。深圳观鸟协会在其中起到了关键性作用，不仅向建设方反馈了影响候鸟越冬这一现实，而且提出了改正意见。华润采纳了其关于候鸟保护的专业性建议，重新安排木桩和砾石滩涂，因此在人才公园落成后，公众仍能见到候鸟越冬的靓丽身影。

---

① 引自对华润置地华南大区某部门总经理的访谈。

城市的治理本质上是协调社会多元利益的过程，公众的积极参与是实现公平正义的城市更新的保障[9]。在城市更新中，不论是政府，还是企业，都需要考虑到至少三方面的问题：①有哪些价值或利益被考虑在内或忽略在外？②有哪些主体的声音已被考虑在内或忽略在外？③不同主体是否能很轻易、方便地从诸多价值中得益、受惠？华润在后海中心区的建设实际也正反映了这些问题。

## 2. 可持续原则

可持续原则是工程伦理中的重要主张。世界工程组织联合会在推进工程教育时，便强调要将经济繁荣、社会包容和环境可持续的进展相结合，足见可持续之重要性并不亚于经济与社会发展[10]。可持续原则众说纷纭，在工程伦理中也各有其侧重之处。其中，美国土木工程师协会（The American Society of Civil Engineers，ASCE）便将可持续同经济、环境和社会"三重底线"相关联，所谓可持续，便是永续维持此三者的数量、质量与可及性，而非有所偏废或破坏[11]。

可持续原则，首先指向的便是环境可持续的基本要求。正如人才公园建设中，对候鸟生活环境无意中的破坏，便反映出环境可持续需要前置性、有意识地关注、思考、反思与设计。值得引以为鉴的是，在工程项目实施之前，政府、企业、高校和其他责任方应将生态环境和生物保护等作为预防因素考虑在内，在设计规划环节便作出相应改善。在工程项目正式完成之前，相关责任方还需要对潜在的环境风险进行再考虑、再审查，并接受来自民众、相关社会组织的监督、意见和建议。

可持续原则，还意味着在经济与社会层面的可持续。经济、社会上的可持续原则，可以从整体性与长期性两个方面作考量。

整体性是指城市更新不是只关注小区域如何建设，而是要立足于其所在的更大区域（如整座城市）以作考量。在后海中心区建设中，深圳市政府基于城市的建设方向，率先赋予后海不同区域各自的功能，再将各区域、各功能紧密联系在一起，从大方向上予以确定。而华润作为建设方则聚焦于如何达成政府预先要求的各项功能，完成各个区域的有机组合。

长期性则是指城市更新不应只顾及眼前利益，而应着眼于未来，思及长远。华润在后海中心区建设中，不只负有人才公园和深圳文化广场的建设之责，还负有代运营的重任。正如深圳湾体育中心由华润代建后，仍由其长期承担代运营之责，人才公园的代建代运营也是如此。于此，华润在建设前先思及如何得以更好地运营，在设计规划阶段，提前将未来运营中可能产生的问题考虑在内，如此前置性的设计便可避免公园未来可能"无人问津"的窘境发生。

可持续原则归根到底，需要每一位主体肩负起自己对工程及工程所在区域的长期责任。城市更新的目标，绝不能只是眼前的利润，而是着眼于本地区甚至所在城市的长期性和整体性发展（当然也包括区域的生态环境发展）。政府、企业、居民和社会组织这些主体都应积极参与到城市更新之中，与城市发展休戚与共，而这将会是未来城市规划与更新中极为关键的理念引导与支撑。在城市更新中，相关责任主体也都应至少关注两方面的问题：①是否考虑到更新区所在的更大区域（如城市）的发展要求？②是否考虑到更新区未来数十年的长远发展？

# 四、结　　语

工程伦理是处理工程所带来的人际间、人与社会间等利益关系的伦理准则。在城市更新中势必会面临不同主体因不同价值追求、利益诉求所导致的分歧、争端，从而影响工程进展或不同主体的各类权益。而工程伦理便是协调利益关系、解决利益争端、推进工程建设的"不二良方"。

工程伦理旨在寻求价值最大化，从多元价值中觅得最佳方案，以使得人民生活得更好。工程伦理要求，所有工程建设应既兼顾社会、文化、生态等价值，也充分考虑到其中的经济价值。经济价值同社会、文化、生态价值并非零和，看重一类价值并非意味着需要牺牲另一类，经济价值未必一定要作为牺牲项。反而在工程伦理指导下，城市更新着眼于长远且整体的发展目标，能保证经济价值不因"短视"之举而有所折损，与对经济价值的追求并不矛盾。

简而言之，城市更新应在工程伦理原则的指导下，以政府作为主导，以房地产企业为主要建设者和运营商，并与公众、社会组织达成共识，共同努力，最终完成经济、社会、文化和生态价值的统一。

# 参 考 文 献

[1] 陈彬，王蕾. 工程教育须伦理"护航"[N]. 中国科学报, 2014-07-17(6).

[2] 芒福德. 城市发展史[M]. 宋俊岭, 倪文彦, 译. 北京: 中国建筑工业出版社, 2005：91.

[3] 国家统计局. 中国统计年鉴 2020[EB/OL]. (2020-09-14) [2021-08-18]. http://www.stats.gov.cn/tjsj/ndsj/2020/indexch.htm.

[4] 李晓江, 张菁, 董珂, 等. 当前我国城市总体规划面临的问题与改革创新方向初探[J]. 上海城市规划, 2013(3):1-5.

[5] 华润集团董事办. 深圳市南山区姜建军书记、王强区长到访华润[EB/OL]. (2015-11-14) [2018-08-18]. https://winfo.crc.com.cn/news/crc_dynamic/201511/t20151114_367685.htm.

[6] 深圳观鸟会. 深圳，请你留住这些远道而来的精灵 [EB/OL]. (2017-01-05) [2021-08-18]. https://mp.weixin.qq.com/s?__biz=MzA5MTI0OTE2Mw==&mid=2651273692&idx=1&sn=14990ba8c963984cf82d22a3cd0df8e6&chksm=8b8cd6b8bcfb5faefbe5ca1a876f003e173efedd6c04b0ac0c3aa1aa0f0b4f062824ab94e495#rd.

[7] 深圳市规划和自然资源局. 建设项目用地批准信息公开表（深圳湾文化广场、深圳创意设计馆和深圳科技生活馆等 3 项建设项目用地)[EB/OL]. (2021-03-01) [2021-08-18]. http://pnr.sz.gov.cn/xxgk/gggs/content/post_8575827.html.

[8] 李正风, 丛杭青, 王前. 工程伦理[M]. 2 版. 北京: 清华大学出版社, 2019: 74-75.

[9] 秦红岭. 新型城镇化背景下城市更新的伦理审视[J]. 伦理学研究, 2021(3): 111-118.

[10] 张炜, 王良. 全球可持续发展工程教育的概念内涵、实践策略及其经验启示[J]. 高等工程教育研究, 2021(3): 69-75.

[11] ASCE. Policy statement 418 - The role of the civil engineer in sustainable development [EB/OL] [2022-08-28]. https://www.asce.org/advocacy/policy-statements/ps418---the-role-of-the-civil-engineer-in-sustainable-development/.

**作者简介：**

赵自强（1997—　），男，清华大学深圳国际研究生院社会学博士研究生，主要研究方向：科学技术与社会、工程伦理。

李平（1973—　），男，清华大学深圳国际研究生院副教授，主要研究方向：负责任创新、工程伦理。

刘立栋（1972—　），男，华润学习与创新中心常务副主任，清华大学创新领军工程项目博士研究生，主要研究方向：企业管理、工程伦理。

# 工程伦理课程的融合式案例教学研究
## ——以信息产业链中的伦理问题为例

符 均，李永东，金 莉，王 萍，王 志

（西安交通大学电信学部，西安 710049）

**摘 要：** 针对工程伦理教学中学生人数众多、欠缺具体工程专业实践领域伦理意识和决策能力的问题，在课程分论教学中，采用大班集中授课、中班组织讨论、小组穿插任务、教师助教引导的教学流程，以信息产业链中的伦理问题为研究对象，选取产品质量故障中的复杂伦理困境为教学案例，将不易观察到的产品质量故障现象用 VR 平台和 3D 打印套件展现出来，并结合雨课堂、腾讯会议等在线手段，使学生在线上线下课堂均达到沉浸式体验具体工程实践的效果，提高工程伦理的决策能力，获得了良好的教学效果。

**关键词：** 工程伦理；产业链；案例教学

工程伦理相关课程，是我国工程类硕士专业学位研究生培养方案中的必修课程。该课程以培养工程硕士专业学位研究生的伦理意识和责任感，使其掌握工程伦理的基本规范，提高其工程伦理的决策能力为基本目标[1]。西安交通大学仅电子与信息学部去年已有超过800 名学生需要修习该课程，学生人数众多，并逐年增长。由于培养工程伦理决策能力需要依托具体的工程实践，所以案例教学是工程伦理课程的推荐授课形式之一。但如何让庞大群体中的每名学生在当前线上线下融合的教学过程中，更好地沉浸入案例之中，并发现、思考和进行模拟决策锻炼，不仅要依靠案例教学，还需要依靠深入的研究和经验积累。

## 一、教 学 设 计

课程组选用李正风等主编的《工程伦理》[2]作为教材，授课内容分成通论和分论两部分。通论主要参考教材中的理论内容并与电子与信息学科专业内容进行结合。分论则以信息工程和软件工程为核心，课程组研究设计了包含信息技术与大数据伦理问题、信息产业链中的伦理问题、芯片制造伦理问题等相关专业领域问题与学生进行研究和讨论。同时，建立独立的课程网站，即使部分学生不能参加线下课程，也可以在网站上自行学习录制好的授课内容。

在"信息产业链中的工程伦理问题"分论教学组织上，课程组制定了大班集中授课、中班组织讨论、小组穿插任务、教师助教引导的教学流程，提升学生的参与度。首先，分论的理论知识讲解和工程过程中的伦理问题分析任务由大班集中授课完成。课程组将学生分成多个教学大班，每个教学大班人数在 200 人左右。授课时，使用长江雨课堂，通过投票、选择题和弹幕与学生进行互动。中班组织讨论根据不同分论的特点设计了不同的研讨环节，但均包括各组 PPT 展示答辩、角色穿插讨论会和教师总结三个部分。

在教学设计上，分论通过产业链伦理知识引入，不同安全事故中的故障分析，到讲解产品制造的具体过程及基本伦理规范，最终让学生角色代入一起产线质量事故，从而达成"意识—规范—决策"三位一体的教学目标。

工程与技术、科学既有区别又紧密相关，不同历史条件下，工程—技术—科学和产业之间的关系是在演变的[3]。产业链的实质就是不同产业的企业之间的关联，而这种产业关联的实质则是各产业中企业之间的供给与需求关系。课程从改革开放的"三来一补"讲起，逐步介绍我国民众对产业链的认识从狭义到广义逐渐深入的过程，直至学生口头熟悉的生态圈，架起时空的桥梁。

工程不只是狭窄的科学与技术的含义，而是建立在科学与技术之上的包括社会经济、文化、艺术、管理、道德、环境等多种元素的"大工程"的含义[4]。大工程观要求工程教育注重学生知识的复合性和能力的多样性，强调工程教育的实践性，培养学生的创造性，符合现代工程的实际需要。

教师以自己所属科研单位的产业化产品为例，向学生展示从研发到产品的相关基本流程，为学生建立相关基本概念。通过华为被限事件，为学生引出大工程观的相关概念和要求。通过大工程观的介绍，使学生从单纯技术的环节跳出来，为下一步具体工程实践中的伦理困境及决策打下基础。

在明确理论依据之后，再通过产业知识的铺垫，课程进入具体的工程实践场景，设计一起电子产品生产加工中由多方失误共同引起的小规模质量事故。事故以教师介绍引导、学生多角色讨论决策的形式进行，并采用学科交叉技术辅助实现微观故障原因分析的可视化，与传统的教学场景相比体现出明显不同。经过事故了解、伦理分析、团队决策、共同协商、总结归纳五个步骤，在这个具体而难解的工程伦理困境中，共同得出如何实现社会最大的善、如何铸造中国制造品牌的答案。

# 二、教 学 实 施

## 1. 大班集中授课

大班集中授课采用番茄钟时间分配法[5]，将 3 学时分成 3 个单元，每个单元 3 个教节，线上线下均可适用。3 个单元分别是产业链中的工程伦理、从研发到产品和不同身份下的伦理困境。9 个教节分别是：产业链引入、西安"6·6"空难原因分析与思考、埃航空难原因分析与思考[6]、国内外产品认证、电路板加工过程、电子产品焊接加工过程、大工程观、"产线质量故障"案例、"产线质量故障"讨论课安排等内容。

"产线质量故障"案例充分体现了一次融合式案例的教学过程，下文将着重介绍此案例的教学实施过程。

（1）案例背景。某公司升级了一款功能增强了的 IPTV 机顶盒，该机顶盒的视频输出接口为 HDMI 接口（图 1）。其中，芯片的输出到 HDMI 插座之间需要接 ESD 防护芯片。ESD 防护芯片一般能防护 8kV 以上的电压，不同的防护方案成本不同，效果也不同。另一个问题是高频信号传输还需考虑阻抗匹配，不同的线宽线距、不同的电路板绝缘层的介电常数、不同的阻焊材料，都会造成不同的阻抗。

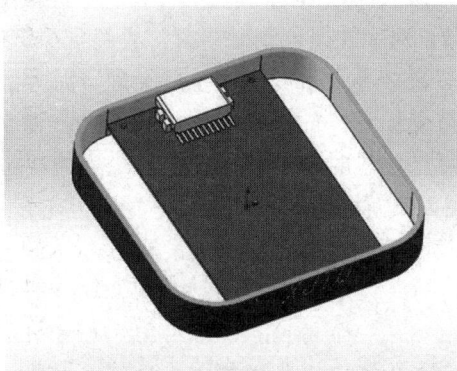

图 1　HDMI 接口示意图

（2）案例中各角色情况。产品公司采购工程师，为降低成本采购了一种新的 HDMI 插座，规格书建议插座固定孔大小和位置有变化；产品公司设计工程师，修改了插座 PCB 封装和附近走线，因为走线距离很近，没有提供阻抗工艺文件，单纯使用了线宽线距和 PCB 板厚来约束设计；PCB 厂 QC（质量控制）工程师，PCB 工艺控制不严，PCB 腐蚀偏差较大，但因为产品公司没有提出阻抗工艺要求，PCB 厂没有进行对应的阻抗约束；新连接器供应厂家工程师，提供了与供应商规格书参数一致的新插座，成本较原先供应商的连接器更低；加工厂工艺工程师，首件测试没问题，但生产前应发现 HDMI 插座与封装匹配不好的问题；加工厂 QC 工程师，批量 PCB 腐蚀偏差问题入库时仔细看肉眼可发现，HDMI 插座松动较大，HDMI 插座焊接偏斜，返工较多；加工厂经理，内部生产会议已知情况，准备召集相关人员进行处置；海外经销商代表，已经按合同时间和数量订好货运集装箱。

（3）订单情况。产品公司已经与经销商签署了 1000 套产品按期交货合同，含 1%备品，即应按期向经销商交货 1010 套。产品公司向加工厂下了生产了 1013 套产品的订单，其中 3 套是按照千分之三的加工不良率多做的生产备品。

（4）故障现象。30 套产品视频在高清 1080P 下出现了马赛克（图 2），高清 720P 和标清下正常。

图 2　机顶盒故障画面

（5）故障原因分析。不良品均存在肉眼可见的 PCB 线路过腐蚀，部分不良品还存在 HDMI 插座管脚与 PCB 焊盘偏斜，两种因素均导致高频信号阻抗不匹配。

这是由于多方的微小失误共同造成的一个产品质量事故。单从各个角色自身来说，均无明显的过失，也基本遵循了对应的岗位制度要求。从表面看起来产品公司采购工程师、新连接器供应厂家工程师没有直接导致事故，加工厂经理、海外经销商代表与事故没有直接关联，更像是事故中的利益受损者。但是在工程共同体中，大家面临着质量、时限、客户需求、成本这些多因素的复杂场景时，均陷入了工程伦理的决策困境之中。仅从伦理规范和岗位职责去要求，并不足以破解这个困境，需要学生进行充分的分析、思考、讨论，再形成对应的决策意见，从而锻炼学生的工程实践决策能力。

### 2. 中班组织讨论

在中班组织讨论环节，学生将通过模拟不同角色，进行伦理观点展示、生产现场协调会，最后由教师进行总结，完成对应分论的教学内容。

讨论课主要分成两个环节：首先进行 PPT 演讲，随机分成 8 队，每队选一位同学做代表。选出的同学代入本队角色，结合大班集中授课内容，用 PPT 展示各自角色在产业链中应遵循的伦理操守及这次事件中的责任问题。接着，各队按分工分别进入角色穿插讨论分会场，由各分会场加工厂经理召集召开一次现场协调会。会议背景设定为良品在产线成品区，不良品在产线维修区，均未出厂。会议目的为商讨这次产品质量事故的解决方案。

讨论课引入评分机制，分数由队内评分+教师评分+角色评分均值构成：队内评分由队内同学进行；教师在 PPT 环节结束后对各队同学进行评分，该队每位同学获相同分数；角色评分为分会场讨论中的本桌同学打分平均值。

任何伦理规范都难以言明在一个具体的工程实践场景下，工程师该如何做。工程伦理教学中"提高其工程伦理的决策能力"是最难实现的目标。在研究生科研团队和工作团队中，工程伦理决策能力既包括个人独自决策的能力，也包括团队内集体决策的能力，还包括与其他团队共同决策的能力。在具体的工程实践中，不止要以自己的角色为出发点，还要多方协商，在某些领域，甚至需要采用一些模糊的方法，通过工程共同体内相互角色的妥协来达成共同的目标。讨论课的两个环节分别通过团队内集体决策和与其他团队共同决策来锻炼这两种能力。

1）讨论课准备

电路板元件很小，连线也不容易看清，对缺少研发经验的研究生而言，即使在现场观察，也很难发现问题。将肉眼不易观察的电路阻抗不匹配问题通过 3D 打印技术和 VR 技术两种方式立体互动展现出来，用于教学讨论课，起到了很好的辅助效果（图 3）[7]。

2）PPT 演讲与答辩

PPT 演讲与答辩，是学生小组主动思考和学习决策伦理问题的重要过程。该过程得出团队内集体而不是个人的分析和决策意见，相比学生自身对事件的思考，有明显的矫正作用。

中班同学按 8 个角色分成 8 个队，每队选一位同学做代表。选出的同学代表本队角色，结合工程伦理理论内容，展示各自角色在产业链中应遵循的伦理操守及这次事件中的责任问题。PPT 结束后，可由其他角色同学提出两个问题，并由该队同学回答。助教在整个过

图 3　VR 展示现场

程中需要帮助记录学生的发言，进行时间管理，整理记录对应的打分表等。教师则随时关注学生的表达和意见，对其中出现的突发情况作出合适的处置。在这个过程中，学生容易犯三个错误：一是从技术上而不是伦理上讨论问题，认为改进技术是解决问题的最有效方法，忽视了产品成功不只是技术领先就可以实现的；二是过分强调本角色在遵循伦理规范上的不足，而忽视了由于工程实践场景的复杂性，导致伦理规范的局限性，往往难以指导具体的工程实践决策；三是仅从自身角色上找原因，忽视了工程共同体之间的相互影响。教师在讨论过程中的引导会加深学生对各自角色问题的认知。

3）产线现场协调会

产业链上的产线现场协调会通过多个产业链上下游多个角色代表的不同利益组织协商决策，给学生提供了一个模拟实践的机会。

模拟生产现场协调会将学生 PPT 演讲环节时的每个角色穿插重组，每个研讨桌 8 个角色各坐一人。由加工厂经理角色召集召开现场协调会，商讨这次产品质量事故的解决方案。会议时间不超过 50 分钟。会后各桌加工厂经理角色介绍协调会结果。

相对于 PPT 演讲和答辩环节，生产现场协调会模拟了真实的伦理困境，各自角色受其职业操守、企业利益、社会责任的制约，在同一质量事故中，会作出不同的决策，并通过多方协调进行平衡，得出针对同一质量问题不同的解决方案。再通过最终各研讨桌的介绍，掌控到整个班集体的决策方向，为下一步教师的总结归纳做好准备。

4）教师引导与总结

在 PPT 展示环节，学生团队内具体讨论的结果注重于分析本角色在产线质量故障中的伦理操守和错误，对其他角色的涉及较少。

在产线现场协调会环节，不同角色集体讨论的结果往往倾向于只顾眼前利益，息事宁人或者不计代价，可操作性差，忽视了工程伦理在实践中的长远性和社会最大的善这些目标。因此，需要教师在整个过程中作出适度的引导。

教师整理归纳本次讨论课中的倾向和问题，引导学生以社会责任为优先考虑的因素进行前瞻性的集体伦理决策，强调铸造中国制造品牌，实现课程的教学目标。

## 三、总　结

本课程组采用大班集中授课、中班组织讨论、小组穿插、教师助教引导的方式，设计使用 3D 打印和 VR 技术，并融合使用线上教学平台，使学生无论线上线下，都能获得比在企业生产现场更好的沉浸感，有效训练学生在复杂工程环境下作出最大化善的伦理决策。

## 参 考 文 献

[1] 国务院学位委员会办公室. 关于转发《关于制定工程类硕士专业学位研究生培养方案的指导意见》及说明的通知[Z]. 2018-05-04.

[2] 李正风, 丛杭青, 王前, 等. 工程伦理[M]. 北京: 清华大学出版社, 2016.

[3] 殷瑞钰. 关于工程与工程哲学的若干认识[J]. 工程研究——跨学科视野中的工程, 2004(1): 9-13.

[4] 曾丽娟, 马云阔. 大工程观理念下的高等工程教育人才培养[J]. 中国石油大学学报(社会科学版), 2014, 30(3): 100-103.

[5] 诺特伯格. 番茄工作法图解: 简单易行的时间管理方法[M]. 北京: 人民邮电出版社, 2011.

[6] 符均, 马悦, 马劲, 等. "埃航空难"中工程社团的缺位对工程伦理教学方向的启示[J]. 教育教学论坛, 2021(14): 109-112.

[7] 符均, 刘升涛, 蒋天舒, 等. 3D 打印和 VR 技术在工程伦理案例教学中的应用探索[J]. 教育现代化, 2021, 8(93): 124-127.

**作者简介:**

符均（1975—　），男，硕士，高级工程师，西安交通大学电信学部，研究方向：信息与通信工程、工程伦理学。

李永东（1974—　），男，博士，教授，西安交通大学电信学部，研究方向：等离子体与微波电子学。

金莉（1966—　），女，硕士，副教授，西安交通大学电信学部，研究方向：软件工程。

王萍（1976—　），女，博士，副教授，西安交通大学电信学部，研究方向：图像处理、视频分析理解。

王志（1979—　），男，博士，高级工程师，西安交通大学电信学部，研究方向：软件工程、文化科技融合。

# 争议性案例分析在研究生工程伦理课程考核中的应用①

（同济大学先进土木工程材料教育部重点实验室，上海　201804）

**摘　要**：基于争议性案例分析，设计了可用于课堂辩论、平时作业或期末考试的考核方案，具
体要求学生根据各自的专业认识，发现和提出其技术领域的工程伦理问题，并按照"案例简介，
正反方意见的价值引导与评价，技术依据或合理性理由，伦理立场缺陷，综合陈述"等内容要
求，运用专业知识和工程伦理学原理，对案例中的正反方意见进行分析；选择代表性分析报告
内容进行点评，指出缺陷和修改意见，并通过教学示范和"案例示错"的方式保障教学效果和
考察目标的实现；学生所提交的分析报告内容丰富，题材广泛，思路开阔，饱含智慧与深度思
考，显示该考核方法能够有效巩固和加深学生对工程理论基本理论的认识和理解，并可使其学
会基于伦理观点的辩证思维和表达方法；考核内容在课堂应用的效果显著。
**关键词**：工程伦理；案例分析；课程考核

案例分析是工程伦理学习的重要内容与形式，一般遵循"提问—分析—讨论—总结"
的逻辑程序[1]。国内外普遍重视案例库的建设[2-7]，有学者还提出鼓励学生参与案例整理和
评价[8-9]，有研究者提出应区别本科生与研究生的案例教学内容与方法[10]，还有研究者建议
将网络资源[11]、"情景教学"[12]、"走出课堂"[13]、"翻转课堂"[14]等形式融入案例教学，也
有文献分析指出："案例不是简单举例和判断对错，而是以其为主线并确保内容贴近专业、
行业和职业特点。"[15]很多研究强调了学生参与互动的重要意义，洪喻等提出了"走动、故
事、视觉、衍生"的四步方法[16]，吴琳琳则指出对案例焦点问题的提炼、分析与总结至关
重要[17]。现有关于教学内容设计方面的研究成果丰富，何菁等采用"识别—反思—内化—
建构"的案例价值设计，引导学生在工程场景中以不同角色进行叙事思维，实现个体对习
得的规范知识反思、改造、内化以至自我行为的转化[18]，同时通过转换场景叙事方法来提
升伦理决策能力[19]，李久林等通过 BIM 技术在土木建筑工程中应用的伦理分析，提出了新
型模型创建与共享机制[20]，卞煜等还开发了一种基于互联网的交互式伦理仿真器，来实现
能源动力专业伦理分析的数字化[21]。

相对来说，将案例分析用于考核的相关研究资料较少，并且其内容不够具体，比如胡
文龙指出，美国工程伦理教育评价特点是：伦理推理能力、完整和科学的工科伦理教育评
价工具、综合运用定量和定性评价方法、注重评价主体和评价环境的多元性等[22]，北京理

---

① 资助项目：同济大学研究生教改与创新项目；同济大学实验教改项目。

工大学通过课时分配引导学生在课下熟悉案例和理论，以提高课堂讨论效率[23]，等等，这些研究主要提出了考核的原则、方法及其应有的特征，并未提及如何具体实施。本文介绍了争议性案例分析在考核环节的具体应用，并对结果进行了深入分析。

# 一、考 核 方 案

## 1. 选题要求

由学生发现并提出一个与自己所学或所从事专业相关的具体工程伦理问题，题目自定，然后按照对各部分内容的要求完成分析报告，或者作为辩题在课堂上分组抗辩。

第一，所提出的问题应具有突出的矛盾点，确实在当前社会或本专业领域引起广泛争议。如果提出一个结论非常明确的案例问题，则将无法提出有力支持弱势一方观点的意见，从而使分析结果丧失实际意义。

第二，鼓励学生从自己的专业领域或技术业务工作中发现实际工程伦理问题，而非采用人所共知的公共案例。对于确实无力发现实际问题而采用公共案例的，也可以接受，但要从评分标准中加以区别，以此来强调考核的首要目标是培养学生的"伦理敏感度"。

第三，所提出的案例问题应是明确和具体的，以便所开展的分析也具有实际意义。比如选择"发展核电的利与弊"为题就不够妥当，而选用"某地建设核电站的利与弊"为题就比较合适，学生可根据当地的具体条件展开有针对性的正反方意见分析，同时给出具体解决方案。

第四，提出问题的角度应力求合理。对于同样的事件，提问角度或发问对象不同则效果迥异。比如在天津化学品仓库爆炸事故和四川阿坝藏族自治州山火救援事件中，都牺牲了几十名消防战士，如果就此发问"消防员到达后是否应该立即投入火场"就不妥当，反方显然会处于社会道德的对立面；而就此提出"现行火灾救援方案是否合理"或"中国是否应学习美加扑火经验，避免消防员伤亡"等问题，就显得更为合理。对于一些工程标准不合理导致的违规操作，如果提出类似"违规者行为是否可以原谅"的问题，也显然不妥，纵有万般客观理由，或者即便未产生任何不良后果，违规行为也是不被公众接受的，但若就此提出这些规范的技术合理性问题，就显得更加科学、合理，并具有充分的对抗辩论空间。

第五，因为很多具有社会影响力的相关案例，比如"三峡大坝带来的'福与祸'""人类基因编辑的伦理缺陷""汽车自动驾驶的安全性""现行垃圾分类、管理方法的合理性"等，其中所涉及的伦理问题已经在社会舆论中有充分讨论，从避免"抄袭"或"雷同"的角度也应尽量回避。

## 2. 分析内容

为了统一格式和细化评分标准，我们设计了分析报告提纲，包括6部分内容：题目，案例简介，价值引导与评价，技术依据或合理性理由，伦理立场缺陷，综合陈述。同时，给出案例分析附件供学生参考，以便其理解各部分内容要求和规范报告格式。

学生针对其所确定的分析题目，按照上述格式分别从不同的角度对案例展开深入分析。其中："价值引导与评价"部分主要陈述正、反方意见对实际工程或技术进步的促进作用，或对社会、环境、安全、人类发展等方面的有益作用；"技术分析"部分则应从专业技术的角度分析正、反方意见的合理性，应凸显具体专业知识对不同观点的有力支持，避免泛泛而谈；"伦理立场"部分则要求学生将正、反方意见与工程伦理学的伦理观点相结合，并通过基本原理来剖析正、反方意见的伦理缺陷；最后，在结尾的"综合陈述"部分对正、反方意见作出简要、科学的评价与总结，并给出针对各方意见的技术解决方案或防范措施。

### 3. 评价方法

不论是作为课堂辩论、课后作业，还是作为期末考核内容，都要求按照规定格式进行整理，具体可根据适用的考核环节对内容做不同的规定。作为课堂辩论，可要求学生分组讨论后设计出辩论提纲，其实际得分完全依据其现场表现；作为课后小作业，则可要求分别列出各部分要点，不必展开讨论；作为期末分析报告，则要求其内容"有骨有肉"，重点突出且应对相关分析深入浅出。

期末分析报告按照表 1 对上述 6 部分内容设计了各自的分值，总分 70 分（平时成绩 30 分），同时针对各部分制定了评分细则（略），规定了不同答案水平所对应的得分分档，便于教师合理评分并引导学生按照规定整理分析内容。

表 1　案例分析报告评分标准

| 序号 | 报告内容 | 分值 |
| --- | --- | --- |
| 1 | 题目 | 15 |
| 2 | 案例简介 | 5 |
| 3 | 价值引导与评价 | 15 |
| 4 | 技术依据或合理性理由 | 15 |
| 5 | 伦理立场缺陷 | 15 |
| 6 | 综合陈述 | 5 |

## 二、结 果 分 析

### 1. 关于选题

合理选题是完成高质量分析报告的前提，如果其不具有"争议性、自主性"，将难以讨论。该考核方式运行 10 个学期收到 500 多份分析报告，所选题目完全符合要求的约占 10%。授课对象包括土木、电信、汽车、轨道交通、机械、环境、材料等专业的工程硕士，他们都在本专业领域工作了一段时间，不少已经成长为所在单位的技术骨干，因此对本专业的技术特点理解颇深，也确实引发了很多工程伦理问题的思考，部分较合理的选题见表 2。

从表 2 可以看出，不少辩题涉及的专业性较强，如果不借助其"案例简介"，一般难以从题目中理解其具体内涵。比如《建筑抗震设计规范》中的"抗震设计三水准"，现阶段我国部分城市对新建建筑规定的最低"装配率"，比萨斜塔的保护、施工方案，等等；有些则提到了比较新颖的网络术语，比如网上"薅羊毛"行为，"996 工作制"等。这些都反映出，学生通过课程学习，真正感悟到了实际工程中的伦理困境，借助考核将平时的思考进行系统梳理，必然会呈现出各具特色的工程伦理观点。

表 2　合理的工程伦理辩题

| 序号 | 专业 | 辩题 | 序号 | 专业 | 辩题 |
|---|---|---|---|---|---|
| 1 | 土木、建筑设计 | 《建筑抗震设计规范》中抗震设计三水准的合理性 | 13 | 电信、计算机 | 一些人对 5G 微基站的安全性存在误解，其建设位置是否需要公开 |
| 2 | | 怒江水电开发的合理性 | 14 | | 云监控平台的利弊 |
| 3 | | 现阶段各地强制推广装配式建筑的讨论 | 15 | | 软件开发者是否应为游戏成瘾负责 |
| 4 | | 工程建设项目施工图审查制度合理性简析 | 16 | | 未成年人是否可进入电竞/直播领域 |
| 5 | | 老旧小区加装电梯"一票否决"条款的合理性 | 17 | | 淘宝"猜你喜欢"功能是否合理 |
| 6 | | 对江苏无锡高架桥侧翻事故追责方案的合理性 | 18 | | 互联网公司执行"996 工作制"的合理性 |
| 7 | | "危楼"比萨斜塔保护方案的合理性 | 19 | 汽车、交通 | 无人驾驶程序应优先保护乘客还是路人 |
| 8 | 电信、计算机 | 专业性工程风险是否应向大众公开 | 20 | | 公交车内面部识别系统是否侵犯个人隐私 |
| 9 | | 利用电商推广策略"薅羊毛"行为的合理性 | 21 | | 高铁列车设吸烟室及站台设烟灰缸的必要性 |
| 10 | | 手机网络游戏是否属于精神鸦片 | 22 | 环境 | 中国是否应学习日本取消街头垃圾箱 |
| 11 | | "大数据"收集个人信息的利弊 | 23 | | 中国是否应该禁止转基因农产品 |
| 12 | | 人脸识别技术是否可以广泛推广 | 24 | 其他 | 天津爆炸事故中，消防员应否第一时间进场 |

但一些学生没有发现或提出合理的实际工程伦理问题，其选题要么是网上热议的、具有明显倾向性结论的案例，要么是对问题的限制条件不够精准，或者是提出问题的角度有瑕疵，见表 3。

表 3　有瑕疵的辩题

| 序号 | 专业 | 辩题 | 序号 | 专业 | 辩题 |
|---|---|---|---|---|---|
| 1 | 土木、建筑设计 | 工程建设施工图审查制度的合理性 | 13 | 电信、计算机 | 网约"顺风车"业务该恢复吗 |
| 2 | | 是否应该大力兴建水电站 | 14 | | 智能机器人是否有利于人类发展 |
| 3 | | 建筑垃圾处理试点新规的合理性 | 15 | | 汽车安全气囊是否安全 |
| 4 | | 三峡工程建设引发的伦理争论 | 16 | | 高速节假日免费导致拥堵，是否应该取消 |
| 5 | | 混凝土中掺入海砂的合理性 | 17 | | 当前社会推广自动驾驶技术的合理性 |
| 6 | | 桥梁设计中普遍提高荷载等级的合理性 | 18 | | 车内空气质量标准是否升级为强标 |
| 7 | | 中国桥梁建设追求"世界之最"的利弊 | 19 | 汽车、交通 | 智能交通发展的伦理学问题 |
| 8 | | 南京市雨污分流工程设计是否合理 | 20 | | 公众参与轨道交通建设项目环境评价的必要性 |
| 9 | | 城市建设中规划大面积绿地的合理性 | 21 | | 高速公路全面推行 ETC 收费的合理性 |
| 10 | | 是否有必要建造异形桥来彰显城市景观 | 22 | | 小汽车限行改善城市环境质量措施的合理性 |
| 11 | | 数字孪生城市设计的合理性 | 23 | | 强制所有道路进行预防性养护的合理性 |
| 12 | | 独柱墩结构桥梁设计规范的缺陷 | 24 | | |

从表3可以看出，有些选题对现有规范提出质疑，比如施工图审查制度、海砂禁用规范、独柱墩设计规范、已在施工中的"南京市雨污分流工程"、预防性道路养护制度等，其支持意见方很容易从现有规范通常都经过了系统、严格的制定、修订和审定过程等方面来反驳质疑声；有些题目已经被充分讨论，比如大力兴建水电站、三峡工程等问题，各种文献早已归纳出其相对于其他能源的利弊，作为考核题目，学生很难再整理出新观点；有些题目所包含的内容范围模糊，其利弊因所在环境而不同，例如大面积绿化、数字孪生城市、异形桥、智能交通等设计，其在不同城市，甚至同一城市的不同区域都存在适应性问题，选择此类辩题将难以在有限的篇幅内把其中的是非辩明；而像安全气囊、高速路假日免费、公众参与轨道工程环评、小汽车限行等问题，都是目前相对科学或社会普遍接受的通用技术或流行做法，对其反对意见所归纳的批驳论据将显得无力和苍白。

可见，上述题目都不能恰如其分地体现"争议性"辩题的设计理念，这在课堂辩论中最容易得到验证。辩论要求由一方提出辩题，而由对方选择所支持的正方或反方意见，其结果显示，在进行如表2所示的辩论中，提出辩题的一方常被对手辩得哑口无言，因为对手当然会选择大众认可度高的正方或反方意见作为自己的立场，从而使提出辩题方处于社会舆论的下风口；有的辩题一经抛出就被指出其问题不科学，没有说清楚关键内容，或被指主题不清、逻辑混乱、漏洞百出，等等。总之，提出辩题不科学的一方，在辩论中明显处于被动局面，这也促使学生全面考虑正反意见，确保其具有真正的"争议性"。

## 2. 案例分析

考核方案中设计了3个主要分析内容，即"价值引导与评价""技术依据或合理性理由"和"伦理立场缺陷"，分别要求从案例中的正反方意见中发现和归纳出其所能体现的实际社会功能、有益作用或实用价值，提出支持正反方意见的技术依据，以及结合工程伦理学基本观点对案例中的正反意见进行伦理分析。实际考核中反映出以下几方面的问题：

（1）价值分析与评价总结不到位，或者内容重复、条理不清，甚至用词不当。表4列举了3种有缺陷的代表性分析答案，作者也逐一指出缺陷和修改建议，结果也列入表4。

从表4可以看出，有些学生对所提出的问题缺乏深入思考，所列出的要点不全面、不深刻，或者对要点的表述不够恰当，按照修改建议，就能够更充分地表达观点内涵。

（2）对案例中正反观点的技术分析不专业，内容流于形式，或者与"价值引导"内容重复，例举有待完善的分析如表5所示。

表4　对案例的价值引导与评价分析

| 序号 | 辩题 | 学生答案 | | | 缺陷 | 修改建议 | | |
|---|---|---|---|---|---|---|---|---|
| 1 | 大力推广高铁建设利弊 | 正方 | 高速快捷方便出行；相邻城市同城效应；有助于精准脱贫；促进旅游业发展 | 反方 | 投入过大国家负担重；运行成本高不环保；多数亏损经济性差；经济不均衡西部不宜 | 总结内容缺失 | 正方 | 高速快捷舒适公众认可；带动沿线区域全面发展；积累经验助力一带一路；增加就业有利社经发展 | 反方 | 投入大周期长回报低；运行成本高资源消耗大；安全风险大维护复杂；不少线路长期上座率低 |

续表

| 序号 | 辩题 | 学生答案 | | | | 缺陷 | 修改建议 | | | |
|---|---|---|---|---|---|---|---|---|---|---|
| 2 | 大面积城市绿地必要性 | 正方 | 生态城市建设要求；可持续发展要求；城市发展要求；精神文明建设要求 | 反方 | 占地多影响经济发展；浪费林木反不可持续；改善生态环境作用有限；若管理不善反破坏环境 | 内容重复 | 正方 | 满足生态城市建设要求；可持续发展的具体体现；美化环境提高生活质量；提升城市形象吸引人才 | 反方 | 多占土地挤压其他空间；增加维护成本浪费资源；适当规模足以美化环境；盲目跟风决策 |
| 3 | 建筑垃圾集中处理正误 | 正方 | 体现人与自然和谐；有利资源再利用；发挥政府管理职责 | 反方 | 忽视垃圾排放者困难；增加垃圾转运费；忽视原处理方式价值 | 条理不清 | 正方 | 改善环境效果好效率高；提高垃圾资源利用率；促进文明建筑施工；方案借鉴国外成功经验 | 反方 | 监管不易导致运行不畅；增加转运费浪费资源；分类要求过严执行困难；专设场地，新增污染 |

表5　对案例观点的技术分析

| 序号 | 辩题 | 学生答案 | | | | 缺陷 | 修改建议 | | | |
|---|---|---|---|---|---|---|---|---|---|---|
| 1 | 强推建筑装配式的讨论 | 正方 | 施工规范节能环保；工厂预制质量保障；建筑施工效率高；有利BIM技术应用 | 反方 | 新增施工环节和管理难度；构件精度低现场拼装困难；缺少熟练工质量难保证；明显增加建筑成本 | 多为"价值引导"内容 | 正方 | 安全性经过实践检验；试行充分，质量有保证；生产施工监管技术成熟；装配率指标科学合理 | 反方 | 一些拼装技术尚不成熟；关键结构设计有待优化；新技术培训普及率低；结构坚固性不如现浇 |
| 2 | 刍议加装电梯一票否决 | 正方 | 确保各方权益；有利建设和谐社会；促进完善补偿机制；彰显社会公平正义 | 反方 | 非最佳良策，有替代方案；阻碍工程项目推进；政府牵头顾虑多效率低；大量工程因此被耽搁 | 正方 | 制度经过反复论证合理；试行显示该方案稳妥；尚无其他良策确保补损；反之容易引起邻里纠纷 | 反方 | 助长个别人漫天要价；协调工作复杂效率低；协商内容不确定难操作；大量工程确因此耽搁 |
| 3 | 试论IT业"996工作制"的利弊 | 正方 | 鼓励勤劳致富；有利青年加薪晋职；倡导坚韧不拔精神；磨炼优秀品质 | 反方 | 伤害身体不利健康；降低生活质量；未必促进企业发展；占业余时间有损亲情友情 | 内容不当非技术性 | 正方 | 并非强制不违反法律；公平合理，多劳多得；类似加班普遍存在，明文规定后有利于管理；充分适应IT业工作特点 | 反方 | 错误的工作制度导向；涉嫌违反《劳动法》；漠视人体承受极限，长期坚持必定产生过劳；工作效率反而降低 |

注："996工作制"即每天早9时上班、晚9时下班、每周工作6天，员工可自选该加班工作制或常规工作制。

考核结果显示，大多数有问题的技术分析，其表现形式如表 5 中对辩题 1 和 2 的陈述，即没有从专业角度来归纳理论依据，而是给出了社会价值或技术价值内容。在表 5 对辩题 3 的总结中，有些要点不专业且内容肤浅，因此对其提出修改建议。

# 三、实施与效果

## 1. 实施方案

为达到考核目的并有效促进学生牢固掌握主要知识点，作者主要采取了以下措施：

（1）教学示范。在课堂教学中参照考核要求分析案例，针对各环节介绍分析方法和要点，尤其重视引导学生学会从案例中发现伦理问题并利用工程伦理学知识对案例进行深入分析，让学生从实际工程案例中洞察其背后的伦理困境，从而在面对复杂工程问题时树立"哲学思考"的观念，相应地加深对工程伦理基本概念及其内涵的理解，更重要的是学会运用工程伦理的原理、原则、观点等进行分析的方法和思路。

（2）"案例示错"。在考核要求中，分别根据表 1 所列的考点举例说明扣分点，引导学生避免出现如表 3～表 5 中的选题观点或辩论分析瑕疵。在发布考题时，也会利用网络或短暂课时将往年的完成情况进行简单介绍和分析，并通过各种渠道随时答疑解惑。

## 2. 实施效果

（1）加深了学生对相关工程伦理基础知识的掌握程度，有力保障了教学效果。该考核方式虽然没有要求学生死记硬背基本概念，但学生为了找出合适的伦理原则或观点并加以运用，实际上花费了更多精力研究教材和参考书，对相关知识更是反复思考，在进一步运用之后则对其产生了更深刻的理解。

（2）帮助学生学会一种基于伦理观点的辩证思维和表达方法。争议性工程案例背后都隐含了有关社会、环境、人文、地理、安全、经济、技术等大量信息，在民间或业界存在正、反观点的激烈碰撞，考核内容要求学生对待工程问题要通盘考虑，充分照顾各"利益攸关方"，尤其是重视逆向思维，通过分析一方观点的利弊来完善和改进另外一方观点的技术方案，这对学生成长为合格、优秀的工程师至关重要。

总体而言，学生在案例分析中表现出思路敏捷、视野开阔、观点犀利等各种值得肯定的一面，虽然答案多有瑕疵，但也可以看出，这种分析训练对加深学生对工程伦理基础知识的认识和理解效果显著，比单纯通过名词解释、填空题等考核方法更加生动和有效，更能够全方位地实现"培养道德敏感性、熟悉职业规范标准、增加伦理判断力和意志力"等工程伦理课程的主要培养目标。相对来说，以分析报告这种期末考察方式所反映出的系统性更显著，学生有充分的时间研究教材和整理报告，而作为平时考核的课堂抗辩环节，学生的工程伦理表达显然不够完整和专业，但对活跃课堂气氛、丰富教学内容具有明显作用。

（3）学生听课的注意力集中，"抬头率"较高。工程硕士课程均为超 60 人的"大班课"且安排在周末全天，而该课程又被安排在晚间、连续四节，学生仍能够保持高关注度实属不易。这一方面得益于争议性案例分析的课程内容本身具有一定的吸引力，另外一方面也因为课程内容基本就是学生的期末考前辅导，从完成学分的角度也能引起学生高度重视。

（4）不足与改进。由于该考核内容所涉及的工程伦理知识范围对于单一选题的学生来说显得有限，所以可能会导致不同学生对知识点的关注重点存在差异。尽管从历年实践结果可以看出，学生们的个性化选题内容几乎涵盖了教学中的各个方面，但其仍需不断改进和完善，作者也在不断思索具体措施，从文献和同行中学习借鉴经验。

## 四、结　　语

（1）设计了基于争议性案例分析的工程伦理课程考核方案，要求学生自问自答，具体按照"案例简介，价值引导与评价，技术依据或合理性理由，伦理立场缺陷，综合陈述"的内容要求，运用基本工程伦理原理进行分析；制定细致的评分标准，可分别作为课堂辩论、平时作业以及期末考核内容。

（2）针对选题和价值引导、技术分析和伦理立场等重点考核内容，分别列举代表性答案进行分析与点评，指出缺陷并逐一给出修改意见，并通过教学示范和"案例示错"的方式保障教学效果和考察目标的实现。

（3）学生所提交的分析报告内容丰富，题材广泛，思路开阔，饱含智慧与深度思考，反映该考核方法显著加深了学生对工程理论基本理论的认识和理解，使其学会了基于伦理观点的辩证思维和表达方法；该方法在课堂应用的反响热烈，学生听课的注意力较为集中。

## 参 考 文 献

[1] 刘金琨. 具有航空航天特色的工程伦理案例探讨[J]. 大学教育, 2018, (7): 39-41.
[2] 许沐轩. 美国工程伦理教育教学模式研究[D]. 北京: 北京工业大学, 2018.
[3] 刘薇. 美国本科生工程伦理教育研究[D]. 广州: 华南理工大学, 2013.
[4] 朱伟文, 谢双媛. 英国工程专业能力标准及启示[J]. 继续教育, 2016, 245(4): 7-11.
[5] 王超, 张成良, 刘磊, 等. 矿业工程研究生"边坡工程学"工程伦理教学案例库建设[J]. 教育现代化, 2019, (7): 126-128.
[6] 郑元勋, 张亚敏, 蔡迎春, 等. 工程伦理课程体系建设及案例教学探讨[J]. 教育教学论坛, 2020, 27(7): 107-110.
[7] 孔玲玲, 傅巾洁, 高飞. 电气工程领域工程伦理教育现状及实践思考[J]. 云南民族大学学报(自然科学版), 2020, 29(2): 115-119.
[8] 陈玉娇, 徐曼, 沈璿. 新工科理念下创新人才培养初探——案例教学法在工程伦理课堂教学中的应用研究[J]. 吉林省教育学院学报, 2019, 35(7): 103-106.
[9] 陈雯. 工程伦理教育中案例教学的必要性与改革研究[J]. 福建工程学院学报, 2018, 16(2): 183-188.
[10] 周杰. 土木工程专业"工程伦理"课程的教学设想[J]. 高教学刊, 2019, (10): 105-106, 109.
[11] 杨怀中, 王远旭. 工科大学生工程伦理教育模式研究[J]. 高教发展与评估, 2016, 32(4): 73-81.
[12] 宋晓琳, 高强, 刘浩, 等. 工程伦理与工程训练相融合的教育模式探讨[J]. 实验技术与管理, 2019, 36(2): 213-217.
[13] 张满, 王孙禺. 高校工程伦理教育的实践与探索——基于清华大学等高校的调查[J]. 山西师大学报(社会科学版), 2020, 47(2): 103-108.
[14] 于建军, 许铮, 孙颖. 地方工科院校工程伦理教育改革的研究与实践[J]. 开封教育学院学报, 2015, 35(7): 127-128.
[15] 王钰, 刘惠琴, 杨斌. 研究生职业伦理教育课程建设探究[J]. 学位与研究生教育, 2016, (11): 56-59.
[16] 洪喻, 邱斌, 党岩. 林业院校工程伦理学教学模式设计与探讨[J]. 教育现代化, 2019, (34): 131-133, 136.

[17] 吴琳琳, 陈永良, 王强, 等. 案例讨论法在工程伦理教学中的应用[J]. 教育现代化, 2019, (54): 182-184.

[18] 何菁, 丛杭青. 工程伦理案例教学的价值设计——兼论场景叙事法的课堂引入[J]. 高等工程教育研究, 2019, (2): 188-195.

[19] 何菁, 丛杭青. 中国工程伦理教育的实践创新探析[J]. 江苏高教, 2017, (6): 29-33.

[20] 李久林, 徐浩, 颜钢文. 土木建筑工程 BIM 及大数据应用的工程伦理问题[J]. 建筑技术, 2019, 50(12): 1412-1415.

[21] 卞煜, 杨晨. 虚拟仿真在工程伦理教学中的应用研究与实践[J]. 实验技术与管理, 2014, 31(8): 12-15.

[22] 胡文龙. 美国工程伦理教育评价研究[J]. 北京航空航天大学学报(社会科学版), 2011, 24(6): 102-107.

[23] 范春萍, 江洋, 张君. 研究生"科技与工程伦理"类课程实践探索——以北京理工大学"科学道德和学术诚信"课程为例[J]. 学位与研究生教育, 2018, 4: 26-30.

[24] 李正风, 丛杭青, 王前, 等. 工程伦理[M]. 北京: 清华大学出版社, 2016.

## 作者简介:

朱洪波（1965— ），男，博士，同济大学材料科学与工程学院副教授、博导，专业实验室副主任；研究方向为混凝土材料及工业废渣综合利用；从 2017 年起讲授硕士及博士研究生"工程伦理学"课程。

# 基于案例教学的工程伦理教学模式创新研究①

刘玉芝

（石家庄铁道大学电气与电子工程学院，石家庄　050000）

**摘　要：**教学模式直接影响教学效果，为了提高教学质量，必须构建一套科学合理的教学模式。要创新现有的教学模式，使其与课程、学生、专业更加契合，首先要明晰教学模式的概念和分类，其次要弄清课程目标和教学内容，最后根据学生和专业特色确定适合具体课程的教学模式。本文以电气工程硕士专业学位研究生"工程伦理"课程为实践载体，进行工程伦理教学模式的创新研究。

**关键词：**工程伦理；教学模式；专业学位研究生；创新研究

教学模式又称教学结构，是在一定教育思想指导下建立的比较典型的、稳定的教学程序或构型。了解教学模式的概念和分类方法，有助于教师从整体上把握不同教学模式的特点，有利于教师理论素养和实践水平的提高，进而结合学生和课程实际更好地创新现有的教学模式。

## 一、教学模式分类方法

教学实践依据的教学思想或理论不同，从不同基点出发，教学模式就有不同的分类方法。

### 1. 基于教学论的教学模式分类

在归纳罗杰斯、夸美纽斯、杜威、韦尔等相关学者研究成果的基础上，结合我国课程教学改革大背景下近年常用教学理论，将基于教学论的教学模式梳理为五种模式，详见表1。

表1　基于教学论的新教学模式分类

| 模式名称 | 问答模式 | 授课模式 | 自学模式 | 合作模式 | 研究模式 |
|---|---|---|---|---|---|
| 模式特点 | 师生问答，启发教学 | 教师中心，系统授课 | 学生中心，自学辅导 | 互教互学，合作教育 | 问题中心，论文答辩 |
| 基本教育过程 | 提问—思考—答疑—练习—评价 | 授课—理解—巩固—运用—检查 | 自学—解疑—练习—自评—反馈 | 引导—学习—讨论—练习—评价 | 问题—探索—报告—答辩—评价 |

① 资助项目：2021年河北省专业学位教学案例（库）建设项目（KCJSZ2021052）；河北省课程思政示范课程（02021094）；石家庄铁道大学高等教育教学研究项目（Z2020-5）。

从表 1 可以看出：从"问答模式"到"研究模式"，教师的主导性和学生的学习主动性都逐渐增强，尤其后面 3 种教学模式，更好地体现了"教是为了发展"和"教是为了不教"两个教育规律。

## 2. 基于学习论的教学模式分类

美国教育家乔伊斯和韦尔依据学习理论将教学模式分成信息加工模式、个人发展模式、社会相互作用模式和行为主义模式四类，在此基础上，融入近年快速发展的建构主义的研究成果，将基于学习理论的教学模式归纳为五种模式，如表 2 所示。

表 2　基于学习理论的新教学模式分类

| 模式名称 | 行为修正模式 | 个性模式 | 合作模式 | 信息加工模式 | 建构主义模式 |
|---|---|---|---|---|---|
| 理论依据 | 行为主义学习理论 | 个别化教学理论和人本主义教学思想 | 社会互动理论 | 信息加工理论 | 建构主义学习理论 |
| 模式特点 | 强调环境刺激对学习者行为结果的影响 | 强调个人在教学中的主观能动性，着眼于个人潜力和人格的发展 | 强调师生、生生之间的相互影响和社会联系，着眼于社会性品格培养 | 把教学看作一种创造性的信息加工过程 | 强调只有借助其他人的帮助，学习者才能以自己的方式建构对于事物的理解 |
| 适合场景 | 知识技能训练 | 个性培养、求异思维、独立学习和解决问题能力的培养 | 人际交往沟通能力的培养 | 逻辑思维和批判思维能力的提高 | 劣构领域和高级知识的学习，科学研究精神的培养 |
| 常用教学方法 | 程序教学、模拟、掌握教学法、计算机操练与练习等 | 非指导性教学、启发式教学、求同存异讨论教学等 | 合作学习、群体讨论、角色扮演、社会科学调查等 | 范例教学、有意义接受学习、发现学习、调查方法等 | 情境法、探索发现法、基于问题学习、小组研究、合作学习等 |

分析表 2 可知，教学着眼点不同，教学模式的特点就不一样，适合的教学场景和使用的教学方法也会有所不同。其中合作模式与建构主义模式，更加注重学生潜能、人际沟通能力和科学研究精神的培养。

# 二、案例教学法在工程伦理教育中的使用

要弄清在工程伦理教育中如何使用案例教学，首先要明确工程伦理课程的课程目标和教学内容，方便有的放矢；其次要了解案例教学法在国内外工程伦理教育中的使用情况，存在哪些问题，以便对症下药；最后结合电气工程专业研究生在工程伦理领域的一些特殊性问题，讨论在具体教学过程中如何使用案例教学法。

## 1. "工程伦理"的课程目标与教学内容

1）课程目标

当今社会，现代化大型工程不断涌现，工程的社会性越发明显，工程伦理问题逐渐成为关注热点。工程伦理教育就是要提高工程专业人员的道德水准，提升工程专业人员的伦理素养，培养工程专业人员的社会责任感和生态保护意识[1]。

为电气工程硕士专业学位研究生开设"工程伦理"课程，目的在于增强学生的伦理意识和提升学生的伦理判断等能力。具体表现在：第一，使学生熟知工程伦理的基本概念、基本理论和工程实践过程中人们将要面对的共性问题，增强伦理意识和提升道德觉察能力；第二，提高伦理判断能力，使学生在不同的工程实践中，能够有针对性地分析工程领域面对的工程风险、事故和责任伦理问题等特殊问题；第三，使学生了解更多的职业行为标准和规范，增强应对伦理冲突的能力。

2）教学内容

工程伦理课程主要教学内容包括通论和分论两个部分。

通论部分学习工程伦理的基本概念、基本理论和具体工程实践过程中将要面对的一些共性问题，比如：道德与伦理的区别，不同的伦理立场；工程中的风险来源以及风险的伦理评估方法和相应的防范措施；工程中的安全与责任，工程伦理责任的主要层次，工程价值、服务对象及其利益、公正与成本，公正原则在工程中如何实现；工程活动中的环境伦理，工程师的职业伦理等。分论部分主要探讨工程实践过程中人们要面对的工程问题、不同工程领域遇到的特殊问题，以及共性的伦理问题在这些领域的特殊表现[2]。

## 2. 案例教学法在国内外工程伦理教育中的使用

案例教学法是通过分析与工程伦理问题相关的具体工程实践活动展开的教学活动。该方法的特点表现在"层层递进"：教师先是鼓励学生自行完成道德选择和表达，进而引导学生认识道德的深层次问题，最后帮助学生作出有效合理的判断。相比于传统的说教和常见的道德两难问题讨论，通过"设身处地"和"角色扮演"，案例教学更能促进学生深入思考，更利于实施工程伦理教育。

美国的工程伦理教育历史悠久，21世纪以来，在工程协会和政府基金等的支持下，美国工程伦理教育经过不断探索与创新，已经形成了比较系统和完善的教学方法和教学模式[3]。其中，案例教学法就是比较富有成效的教学方法之一，哈里斯的《工程伦理：概念及案例》就是相应成果的体现。哈里斯表示：案例研讨不仅有助于学生有效识别出伦理问题的表现方式，还有助于培养解决这些问题所需的技能[4]。

目前，案例教学法在美国工程伦理教育中运用非常广泛[5]。但国内工程伦理教育起步较晚，肖平教授于1999年年底出版的专著《工程伦理学》，标志着我国工程伦理学科正式创建[6]。虽然我国近年在高校伦理课程建设与教学实践方面进行了一些有益探索，"工程伦理"课程也已经正式纳入工程硕士专业学位研究生公共必修课，但还远未形成适合国情和科技发展需要的伦理教育体系[7,8]。案例教学法能够有效地提升学生对具体工程背景下道德问题的认识，能够切身体会有关规范和要求。但是国内外的道德标准等不尽相同，我们不能照搬照抄国外的教学模式和方法，应当结合国情、学生的专业、教育背景和具体工程等设计合理的案例互动[9]。

## 3. 电气工程专业研究生工程伦理教学过程中如何使用案例教学法

从电气工程专业研究生"工程伦理"的课程目标与教学内容不难看出，工程伦理教育具有实践应用性，和行业及工程背景等息息相关。尤其分论部分，可以结合学校特色和学生专业展开研究。如铁路交通院校的电气工程专业可以在核工程、电子信息工程、智能运维、自动控制、环境保护、中国铁路建设等领域，通过对切尔诺贝利核爆炸事故、"7·23"甬温线铁路事故、智能京张里的电元素等相关案例的讨论，比如具体工程中涉及的风险及风险来源，发生事故的原因分析、责任认定等涉及的伦理问题，加深学生对工程伦理问题和伦理责任的了解，结合具体领域的伦理章程和规范分析电气工程专业职业道德规范问题等，更有利于建立和强化学生的工程伦理意识，逐步提高学生综合运用专业知识和伦理知识应对复杂工程伦理问题的能力[10]。

电气工程专业研究生工程伦理教学过程中案例教学法的具体使用过程为：先由教师给出一个具体案例，学生结组分工、合作搜集资料，然后组织学生思考和讨论，接着教师引导学生进行道德推理，最后教师向学生指出该案例中涉及的伦理问题、规范和适当的分析方法。实践表明：采用案例教学法进行工程伦理教学，不仅能充分发挥学生的主观能动性，学生也可以通过合作学习增强人际交往和沟通能力。合理引导学生对案例进行讨论与分析的过程，有助于提高学生的伦理意识、思考深度和应变能力。

# 三、基于案例教学法的工程伦理教学模式分析

学生专业不同，针对他们的学习内容和课程目标等就会有所变化，进而导致教学活动的形式与过程、教学模式等也会随之变化。这里以电气工程硕士专业学位研究生"工程伦理"课程为例，探讨基于案例教学法的工程伦理教学模式相关问题。

## 1. 基于案例教学法的教学模式构成

学习论角度，基于建构主义学习理论和社会互动理论，采用分组合作学习、群体讨论、角色扮演等方法，构建出"一导三促"教学模式，"教师主导—任务敦促—小组互促—评价督促"四个教学环节循序渐进，环环相扣。教学论角度，"一导三促"教学模式更多地表现在自学模式、合作模式和研究模式三种传统教学模式的融合：首先围绕具体案例展开探索研究，然后通过答辩深入研讨，接着通过学生自评、生生互评、教师点评等方式督促进一步优化，最终形成案例报告。

"一导三促"教学模式的基本结构分为课前预习、课堂教学、课后总结三个部分。课前以"导"为主，教师有目的地分配学习任务，包括合适的案例、导学学案、具体的时间要求等；然后学生通过 SPOC 和网络资源等进行自学和结组合作学习，由于任务需要在相应时间节点完成，学生会有紧迫感，小组捆绑式评价方式会促使同学们互相监督、相互促进。由于一周只有一次工程伦理课程，学生有充裕的时间在课前根据导学学案完成自学任务，并结组分工合作准备好相关材料，做好论证准备；课堂教学时主要完成案例讨论和蕴含的工程伦理观点探究，学生通过正反方辩论、角色扮演等形式进行观点展示和讨论提升，老师主要负责关键点的强调、点评和时间节奏的把控；课后总结部分一是对本次案例讨论的内容与伦理理论、规范等进行结合、提炼，二是提醒学生换位思考、角色"模拟"，不断提高学生的伦理意识和判断能力，还可以让学生通过朋友圈等进行宣传，学有所用的同时为提升全民伦理意识作出贡献，加强学生的专业自豪感和社会责任感。

整个教学过程，学生历经任务分解分工、资料搜集整理、组内沟通合作、多方评价等过程，并获得成功的经验，真正成为个别化学习的体现者、小组合作学习的参与者和复杂工程问题的解决者。

### 2. 使用基于案例教学法的教学模式注意事项

1）案例的选择

案例的质量和数量是影响案例教学法使用效果的重要因素。不同案例的适用范围和风格有所不同：有的案例适用于伦理理论的教学，如"好心办坏事""善意的谎言"等；有的适用于分析与工程环境密切相关的论题，如 DDT 与《寂静的春天》；有些用于土木工程伦理分析十分契合，如一系列"桥塌塌""楼歪歪""杀人桥"等；有些则可以作为工程师的职业伦理教育方面的资料，如"2008 中国奶制品污染事件"等。

教学实践表明：工程伦理教学应尽可能与"真实"的工程师的实践活动相关联。因为将规则和道德判断渗透到具体工程活动过程中，更容易让学生接受。结合学校与专业特色，选择一些真实事故、结合身边人和事的案例进行讨论，比如与铁路密切相关的"'7·23'甬温线铁路事故""青藏铁路修建过程中的攻坚克难""核电的利与弊""电梯安全事故中的工程伦理责任分析"等更易引发电气工程研究生的共鸣[11]，在提高学生伦理意识与能力的同时，还可以增强学生对电气工程专业、可持续性发展、国民生活生产安全保障等的认同感和社会责任感，增强其遵循伦理规范的自觉性。

另外，面向电气工程专业的工程伦理课程，采用案例教学和角色扮演等方法虽然可以较好地分析事故原因，体现伦理冲突，但要注意讨论层次和重点，除了警示性的，也要引入一些正面案例，以提高学生的自信心、责任感、使命感和应对能力[12]，避免学生过分关注和忧虑事故后果和事故责任，产生心理负担和畏难情绪。在相关教学环节可以将电气工程专业知识与伦理知识进行融合，融入课程思政要素，在提高学生工程伦理意识和应对能力的同时，增进学生对行业、学科和职业发展的认识，激发学生更好地运用专业知识去造福社会、造福人类，提高学生深入学习专业技术知识的积极性和主动性。

2）思政元素的融入

工程伦理涉及工程技术、哲学、管理、经济等多方面的知识，蕴含着丰富的思政属性[13]，尤其在"双碳"背景下，合适的课程思政有利于伦理意识的培养。比如能源利用中的伦理问题讨论，是"先发展后治理"还是"优化能源结构，走可持续发展道路"？通过思政元素与专业知识的融合，实现下面四个结合：工程的严谨性、系统性、综合性与人文情怀的结合，工程活动的内容、过程与工程伦理意识、规范的结合，工程的内涵与培养工程素养的结合，教师成就与学生成长的结合。

选择的思政元素不仅要贴近实际、贴近生活、贴近学生，还要和专业密切相关，便于理论联系实际。如利用"荣家湾事件"，不仅可以引出道岔控制（引申电务工作）的重要性，培养学生敬业精神、创新意识和社会责任感，还可以通过两位工作人员的行为和后果，警示和引导学生在工作中要注意安全、要自律、要遵纪守法、要勇于担当，不要弄虚作假、逃避责任；还可以与当前疫情防控相比较，结合中铁电气化局北京疫情风波，实现向社会环境、心理环境和网络环境等方向的渗透。

3）评价与反思

教学模式一般包括教学目标、操作程序、师生交互、教学策略、评价与反思等要素，评价与反思是非常重要的一环。尤其在经济、文化与教育等瞬息万变的今天，教学反思无论是对教师自身教学水平的提高，还是对教学效果的提高都有着举足轻重的作用。教学反思可以检查教学是否达到了教学目标、分析教学中的不足、记录教学中的困惑，还可以发现教育教学行为是否对学生造成了伤害、教育教学方法是否适合学生等。

例如案例的选择，是不是警示性的元素太多？除了警示性案例，还要挖掘正能量的本土元素，坚持以正面引导、说服教育为主[12]，积极疏导加启发教育，同时辅之以必要的纪律约束，引导学生品德向正确、健康的方向发展。如"百年京张，智能高铁"案例，介绍中国目前最为智能、世界上第一条实现 350 km 时速全线自动驾驶的智能高铁所集结的中国高铁顶尖技术，引导学生把握新时代赋予的责任与使命，积极投身祖国铁路建设，不断将中国高铁推向世界。

### 3. 基于案例教学法的教学模式创新设计思路和实践举措

1）朋辈课堂，榜样力量，学做合格工程师

朋辈课堂，引航青春路，朋辈共成长。请近年毕业的学生通过腾讯会议等方式，给同学们介绍工作经验与心得，分享自己在工作中遇到过的困难和解决方法，朋辈分享交流，助力成长成才；也可以让同学们自己在"京铁手机报"等网络资源中选择合适的内容，完成"课前三分钟，你讲故事我来听"教学模块。

分享的故事内容不要求过多，通过小故事，一样学习大道理。无论是勇敢的铁道兵在成昆铁路的不怕牺牲、攻坚克难，还是数万铁路建设者在青藏铁路挑战极限、勇创一流，抑或是作为中国智能高铁"集大成者"的智能京张的科技创新元素，都可以"以小见大"，坚定学生的理想信念，提升其责任意识和职业素养，让他们更加爱党、爱国、爱集体；而"'4•28'胶济线事故""'7•23'甬温线铁路事故"等典型的铁路事故，又可以树立学生的安全意识、职业道德规范和刻苦务实、认真负责的职业精神；"双灯丝信号机""红灯转移"等设计理念可以让学生对"故障—安全"设计原则有更深的理解，从中理解信号工程师设计信号设备时应具有造福公众的伦理责任意识和创新意识；身边事、身边人，通过小事情折射大道理，通过小人物体现大情怀，以文"化"人，培养学生高尚的道德情操、正确的价值观和积极的人生态度，激发学生科技报国的家国情怀和使命担当。

2）用好"虚拟教研室"等网络资源

工程伦理教学内容既包含哲学领域的伦理学知识，又包含工程技术和自然科学领域的专业知识。单纯依靠哲学等社科专业教师，虽然在伦理学角度具有较好教学能力，但很难对工程伦理冲突和解决方案提供技术分析和支撑，容易使伦理教学流于形式和表面；单纯依靠专业课教师，虽然从工程技术角度能更好地引导学生讨论和提出方案，但人文和哲学角度对学生的启发和教学深度则较难得到保障。"工程伦理"课程在高校快速发展过程中出现了一系列问题，为完成教学任务，很多专业课老师承接了这个"新鲜事物"，但却苦于哲学、伦理知识的底子很薄，很多伦理问题剖析不到位。此时，急需开设工程伦理课程的高校和上级教育部门尽力建设融合多学科优势的教学团队，促进社科和工科教师取长补短、合作开展工程伦理课程教学。虚拟教研室的诞生，为这种合作提供了可能。

虚拟教研室是信息化时代新型基层教学组织建设的重要探索，它不受地域限制，可以基于互联网开展跨校、跨专业协作教研，教师们不仅可以一起讨论教学困惑，还可以分享教学心得和体验。大到培养方案的制定，小到某个知识点在课堂上怎么讲授，在虚拟教研室中，这些问题都能得到解决。在互联网改变社会方方面面的时候，不同领域、不同专业的教师利用互联网一起进行研讨与交流，共享资源，共同提高。利用虚拟教研室，不仅自身教学能力得以提高，案例库建设也得以完善，案例剖析更加透彻，获得的工程伦理规则、伦理文章、在线杂志和新闻等素材更丰富。尤其对疫情影响下的教学，虚拟教研室发挥了更加重要的作用。

3）角色扮演，微视频制作，释疑解惑

通过角色扮演和微视频的制作，不仅可以提高学生的综合素质，还有利于强化学生工程伦理教育，培养学生精益求精的大国工匠精神等。比如"'7·23'甬温线铁路事故责任分析"就聚焦五个意识的培养：一是责任意识，作为铁路运输大脑中枢的铁路信号无小事，性命攸关，所以每个模块都不能放松；二是安全意识，故障-安全是铁路信号设计的首要原则，每一次实验、每一次设计都不可儿戏；三是环保意识，无论施工还是检修都要做到"人走料清场地净"，好习惯尽早养成；四是法制意识，遵纪守法是每个公民的义务，工程施工、设备生产、图纸设计都要有底线，不可碰触红线；五是创新意识，铁路信号的发展离不开科技创新，将来工作中的小创新小发明也会解决一些技术难题。在一个个演绎过程中，通过车务、电务、调度、供电、设计师、施工方、承包方等虚拟角色扮演，学生们实实在在体会青藏铁路、"4·28"胶济铁路事故、"7·23"甬温线铁路事故等案例中蕴含的伦理问题[14]，对自己未来工作中要注意的事项形成切身体会。不断开拓学生视野，培养学生的科学精神和家国情怀，理解诚实公正、诚信守则的工程职业道德和规范，并能在轨道交通领域工程实践中自觉遵守，为做好大国工匠奠定基石。

# 四、结　语

结合学校和专业特色，以铁路院校的电气工程硕士专业学位研究生"工程伦理"课程为对象和参照，进行了基于案例教学的工程伦理教学模式创新研究，形成了"一导三促"教学模式。实践表明，该模式便于课程教学目标的实现，利于达成工程伦理教育"增强学生伦理意识和提升应对伦理问题能力"的目的。但是，教无定法，也没有固定的教学模式，需要根据学校、专业等进行调整。另外，本土案例的合理选择、课程思政的融入、朋辈课堂和虚拟教研室的引入，在新冠疫情时期更易于调动学生的学习积极性。

# 参 考 文 献

[1] DAVIS M. Engineering ethics[M]. Aldershot: Ashgate Publishing Limited, 2005.
[2] 邹晓东, 李恒, 姚威. 国内工程伦理实践研究述评[J]. 高等工程教育研究, 2017(3): 66-72.
[3] 李世新. 借鉴国外经验, 开展工程伦理教育[J]. 高等工程教育研究, 2008(2): 48-50.
[4] HARRIS Jr C E, DAVIS M, PRITCHARD M S, et al. Engineering ethics: what? why? how? and when?[J]. Journal of engineering education, 1996, 85(2): 93-96.
[5] 王冬梅, 王柏峰. 美国工程伦理教育探析[J]. 高等工程教育研究, 2007(2): 40-44.
[6] 郭冬生. 略论工程伦理及工程类大学生的道德教育[J]. 高等工程教育研究, 2006(2): 30-32.
[7] 杨少龙. 近15年来国内工程伦理教育研究综述[J]. 昆明理工大学学报, 2017(1): 46-50.
[8] 丛杭青. 工程伦理学的现状和展望[J]. 华中科技大学学报(社会科学版), 2006, 20(4): 76-81.
[9] 李祖超, 魏海勇. 中美工程伦理教育比较与启示[J]. 高等工程教育研究, 2008(1): 44-47.
[10] 邵翀. 从工程伦理的角度谈"7·23"温州动车事故的伦理困境及出路[D]. 武汉: 华中科技大学, 2015.

[11] 段发楠, 李润珍. 电梯安全事故中的工程伦理责任分析[J]. 科技视界, 2014(4): 142-143.

[12] 吴琳琳, 陈永良, 王强, 等. 案例讨论法在工程伦理教学中的应用[J]. 教育现代化, 2019(7): 182-184, 119.

[13] 赵琰, 蒋伟, 陆静, 等. 课程思政的探索与实践——以信号与系统为例[J]. 中国教育技术装备, 2019(8): 3.

[14] 陈钢. 温州动车追尾事故与CTCS-2技术规范中的安全隐患[J]. 软件, 2011(8): 15-17.

## 作者简介：

刘玉芝（1970— ），女，博士，副教授，研究方向为电力系统自动化、新能源发电控制、轨道交通信号与控制、工程伦理、铁路四电技术等，开展变压器故障监测、信号采集与处理、计算机仿真等相关工作。

# 资源与环境类非全日制研究生工程伦理教学案例选取与更新

## ——以环境工程方向为例

冯　沧[1]，庞维海[1]，吴鹏凯[2]，廖冠琳[2]

（1. 同济大学环境科学与工程学院，上海　200092；2. 同济大学研究生院在职教育管理处，上海　200092）

**摘　要：** 案例教学是工程伦理教学的重要方式，本文结合环境伦理典型案例，从案例特点、伦理原则及案例来源等方面，紧密结合专业特点，从通识和专业工程相结合的角度，突出环境伦理问题，探讨工程伦理教学案例的筛选以及更新。

**关键词：** 工程伦理；案例教学；环境伦理

所谓案例教学，是指"以学生为中心，以案例为基础，通过呈现案例情境，将理论与实践紧密结合，引导学生发现问题、分析问题、解决问题，从而掌握理论、形成观点、提高能力的一种教学方式"[1]，案例教学模式不仅有助于提高不同专业背景研究生学习的效率，还有助于专业学位研究生树立工程意识，提高分析问题能力，加强综合素质的锻炼[2]。"卓越工程师""新工科"等概念的提出对学生综合能力的要求越来越高，加强工程师职业规范意识、道德判断力和意志力等工程伦理内容的学习，让学生们掌握工程伦理相关知识，不仅可以规范行为，还可以做好自我保护[3]。

美国大部分院校的工程伦理课程都是与工程类专业结合而推进的[4]，随着现代伦理学的发展，特别是 21 世纪实践伦理学的兴起，工程伦理学以实践伦理学的方式推进工程伦理教学与研究，探讨工程活动内在的道德价值和工程师职业自身的道德理想已成为工程实践和工程职业道德教育的前提和基础。资源与环境类研究生工程伦理课程案例应考虑环境伦理，而非全日制研究生因为在职学习，相较于全日制研究生，在学习的同时自身还会接触到丰富的工程伦理案例，探索适合其特点的工程伦理案例教学，对提高教学质量大有裨益。

# 一、案例教学的好处

## 1. 提高学生参与度，提升教学效果

案例教学法作为一种由教师引导，师生共同参与的教学方法，可以将工程案例及环境事件引入课堂，通过角色扮演、情境再现等方式，将掌握一定工程伦理知识与规范的学生带入"工程实践活动现场"，对出现的工程伦理问题进行思考与分析，作出伦理抉择。特征

是将传统的单向灌输模式转变为多向互动模式，凸显过程的开放性、信息的对称性和思维的多元性，进而促进学生深层次的思考，加深对公平正义、伦理价值、工程师职业道德的理解。

### 2. 减少偏见

课堂上的案例自由讨论可以拓宽学生看待问题的视野，与独立研究方式（例如问卷调查、调查回复或采访）获得的个人单一观点不同，通过淡化特定个人的议程，为详细理解所讨论工程项目存在的利益矛盾和道德困境提供了时间和空间，可以深度挖掘案例中存在的伦理问题，减少产生偏见的可能性，有助于学生加深对各方观点和诉求的理解，从中更详细地探索影响案例研究的因素。

## 二、工程伦理案例应该具备的特点

由于现实中的工程案例及与人们生活息息相关的环境事件非常多，因此在选取案例时，要精心筛选。

### 1. 案例能够覆盖工程伦理原则及价值准则，且包含了伦理判断与选择，能理论联系实际

在案例的选取中，将公众的安全、健康和福祉置于首位。体现环境伦理三个方面的原则，即环境正义、权利平等及尊重自然。要通过案例解读，分析工程的两面性：造福人类但破坏环境。所有案例的结论不应该是唯一的，不能是简单的对错。案例应当具有一定的启发性和疑难性，有助于锻炼和提升学生的辩证思考能力和环境认识深度，加深保护环境的理念。学生在作出价值判断时，懂得遵循及利用以下准则：

（1）尊重原则：体现尊重自然的根本性道德态度。

（2）整体性原则：遵从环境利益与人类利益相协调，而不是仅仅依据人的意愿和需要。

（3）不损坏原则：如果以严重损坏自然环境的健康为代价，肯定是错误的。

（4）补偿原则：对自然环境造成损坏时，必须作出必要的补偿，以恢复自然环境健康。

（5）整体利益高于局部原则：一切活动服从自然生态系统的根本需要。

（6）需要性原则：生存需要高于基本需要；基本需要高于其他需求。

### 2. 案例真实且与工作及现实生活紧密相关，使学生能感同身受

在准备案例及课件时，首先需要了解上课学生的专业背景及学习工作经历，根据他们的知识结构选择典型伦理案例。最好让案例尽可能与每一个人都有关联性，使其能充分参与其中的讨论。如通识类的全球气候变暖、全球性或区域性大尺度的热点环境问题，各种环境治理类工程项目等具备专业背景的工程伦理问题，等等。

### 3. 案例需要真实，广为人知，且具有时效性

案例的真实性要求案例来自实际的工程及社会事件，具有现实性、针对性以及时效性。

案例的内容反映实际环境问题，能挖掘其伦理内涵，且不可以经过加工。一般来说，来自媒体的案例，往往能同时满足真实、广为人知及时效性三方面的特点，但需要通过教师多方考证，避免出现虚假信息，导致效果适得其反。案例的范围可以不局限于空间，但宜结合当时社会热点。

## 三、非全日制硕士研究生对案例教学的需求特征

非全日制硕士研究生绝大部分是现任工程师，他们相较于完全没有工作经验的全日制学生，甚至比任课老师，对案例的选择更有发言权。为了提高此类学生的工程伦理课程教学质量，间接地帮助完善全日制硕士研究生的案例库，笔者对同济大学资源环境类环境工程方向的非全日制研究生进行了问卷调查。问卷设置了 6 个问题：①你觉得工程伦理课程中案例教学占多少比重合适？②你觉得何种案例组合更适合非全日制工程硕士工程伦理课程的教学？③你是否觉得工程伦理问题是环境工程项目中无法避免的考验？④你是否愿意提供自己经历的工程伦理案例供大家讨论？⑤你觉得案例讨论中有不同有观点应如何解决？⑥你觉得解决环境工程伦理问题时，需要考虑的首要因素是什么？42 名学生完成了问卷调查。

调查结果显示，大多数学生认为工程伦理教学内容中，案例宜占 50% 以上，其中 47.62% 的人认为占比 50% 比较合理（图 1），这为我们在备课时案例的储备数量提供了参考；半数以上的人认为，案例以通识类和专业类各占一半为宜（图 2）。

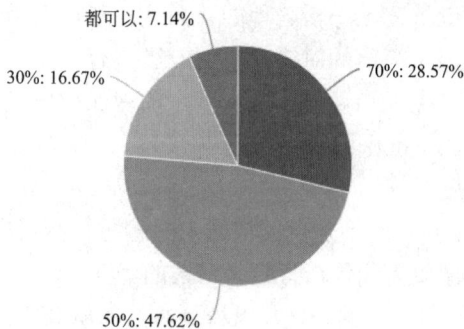

图 1  问题①调查结果        图 2  问题②调查结果

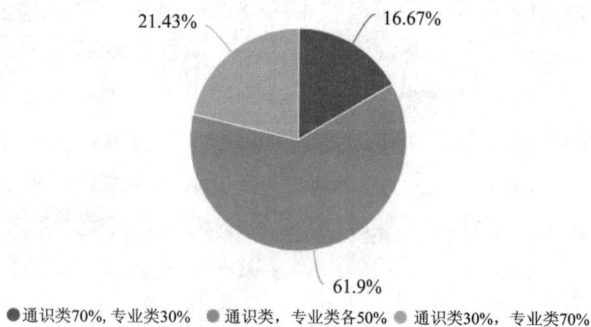

由于本次调查针对的在职学生都有一定的工程及社会经验，就环境工程而言，绝大多数人（92.86%）认为伦理是环境工程实施过程中无法回避的问题（图 3），这也充分说明了对工程师而言，伦理分析及案例讨论是不可或缺的内容。当谈及是否愿意分享自己经历的工程项目作为伦理案例供大家讨论时，54.76% 的人愿意分享，还有 45.24% 的人需要根据具体情况而定（图 4）。这也说明当工程伦理被作为问题来讨论时，大家还是认为有一定的敏感性，需要慎重对待。

由于伦理问题往往没有标准答案，不同的人，所处的位置不同，利益不同，观察问题的视角也不一样，因此很难有统一的结论。在这种情况下，要保证在有限的课堂时间内完成教学任务，就需要教师的引领。在此过程中，大多数人认为，课堂上应该允许大家自由充分表达自己的观点，教师仅作为讨论的参与者，并且最终不一定能达成共识（图 5）。故

案例研究的结论不能一概而论，要有特定的背景和前提条件，需要结合实际情况，提出判断和解决方案。教师在案例教学的实施过程中，需要做好充分准备，控制好节奏及时间；当讨论偏离主题时，要能及时拉回。

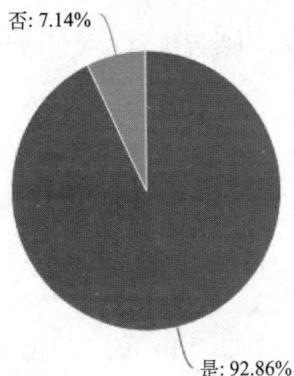

否：7.14%
是：92.86%

图 3　问题③调查结果

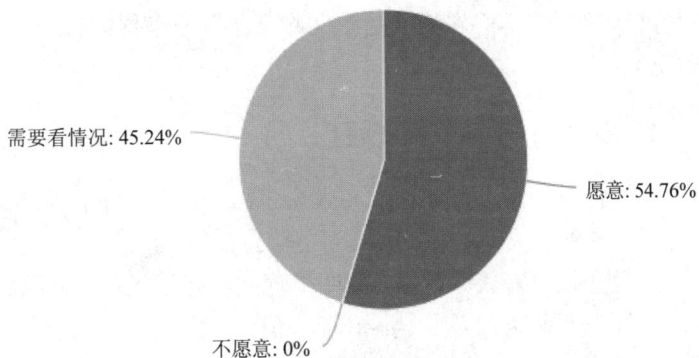

需要看情况：45.24%
愿意：54.76%
不愿意：0%

图 4　问题④调查结果

另外，接近 60%的人认为，在解决环境工程伦理问题时，需要首先考虑社会的公平正义，这也提醒我们在准备伦理案例时，首先考虑案例具有公平正义的伦理特征（图6）。

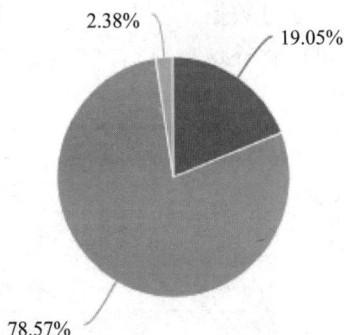

2.38%
19.05%
78.57%

● 教师引导下的讨论，最终大家可以形成共识。
● 允许大家自由充分表达自己的观点，教师仅作为讨论的参与者，不一定形成共识。
● 不同观点进行辩论，少数服从多数。

图 5　问题⑤调查结果

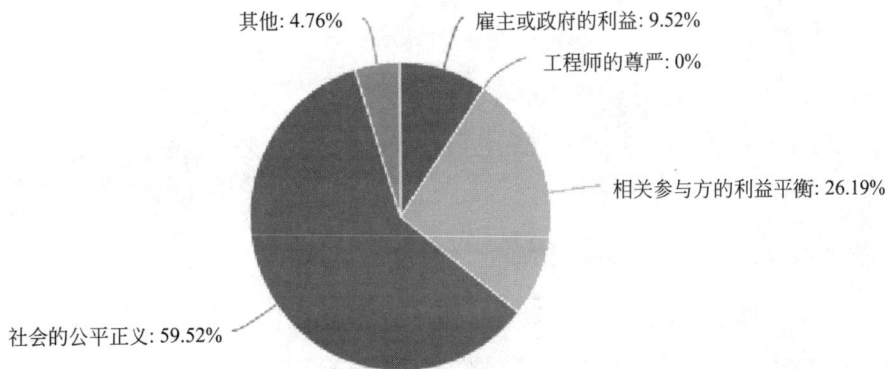

其他：4.76%
雇主或政府的利益：9.52%
工程师的尊严：0%
相关参与方的利益平衡：26.19%
社会的公平正义：59.52%

图 6　问题⑥调查结果

# 四、案例的来源及典型案例分析

案例可以来自网络媒体、工程实践以及文献资料，不同类型的工具可以相互辅助，最终呈现给学生的案例，应该是图文并茂，有理有据，甚至还可以采用短视频的方式，增强视觉感受。

## 1. 案例1：全球气候变暖

案例特点：具有普遍性，与大众生活和社会公平正义密切相关。

资料来源：文献、网络以及工程案例。

通过文献资料获取数据，阐明原理并解释结果：如果我们像月球一样没有大气层的话，地球表面的平均温度将约为 –18℃。但是，大气层中自然水平浓度为 $2.7×10^{-4}$ 的二氧化碳（$CO_2$）吸收了向外的辐射，从而将这些能量保留在大气层中并温暖了地球。1880 年至 2012 年，全球平均气温上升了 0.85℃。因气候变暖和冰雪融化，海洋面积扩大，全球平均海平面上升了 19 cm。自 1979 年起，北极的海冰范围以每十年 107 万 $km^2$ 的速度持续缩小。

图 7(a) 的数据图来自文献，通过数据可以看出近百年的温度变化，但缺少直观感受，而图 7(b) 来自网络的图片恰好可以弥补这个缺陷，带来较强的视觉冲击。

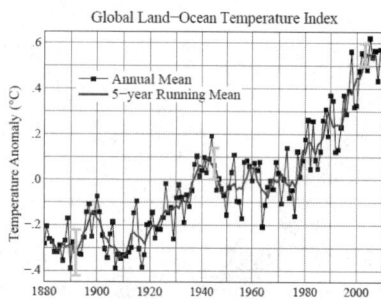
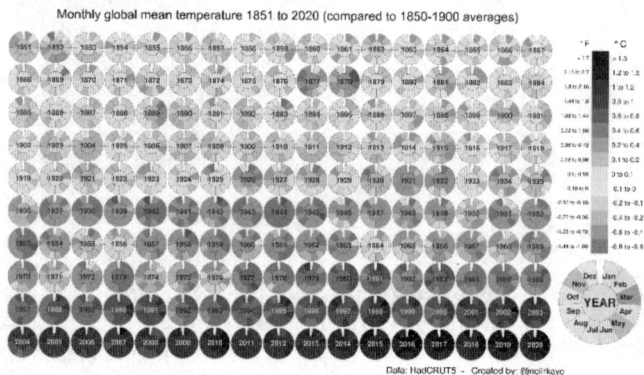

(a)                                          (b)

图 7    全球平均气温变化

结合实际：近年来，每个人都能感受到极端天气频发，出现持续高温或持续暴雨等灾害天气。中国将力争于 2030 年前实现碳达峰，2060 年前实现碳中和。各位同学可以就自己单位的实际情况，提出见解与评判。

## 2. 案例2：河道水生态环境整治

案例特点：与每个人息息相关，具有时效性；自然价值、政策与专业知识的平衡。
资料来源：工程案例。
事件背景：改革开放以后，随着我国经济的快速发展，水生态环境出现逐年劣化的趋

势。随着人民群众环境意识的提高，2010 年后，全国各地改善水环境质量的呼声日益高涨，多地出现了邀请环保局局长下河游泳的事件。为了顺应民意，多个省级行政区域开展了轰轰烈烈的整治水环境运动。为了保证整治有成效，通常上级政府对下级政府建立考核机制，确定了一系列量化的考核指标。当时的主要措施就是启动黑臭河、垃圾河整治行动，很多基层单位除了加强河道保洁外，对如何消除黑臭缺乏认知和长效手段，经常为了完成任务，采用投撒化学药剂的方法来获得短期的效果，投入巨大却无法从根本上解决水环境问题，群众对河道返黑返臭现象多有怨言。2017 年以后，在专家呼吁和多年治水经验总结的基础上，逐步意识到黑臭在水体，源头在陆上，改变治水策略，采取陆上截污和水生态修复双管齐下的措施，全国范围内河道水生态质量逐步提升。

多角度分析：

（1）上级政府：仅看表面现象，在缺乏全面调研、不清楚地表水体水质恶化成因的情况下，采取行政命令式的整治运动，无法取得理想的成效。

（2）基层单位：为了完成即时的短期考核指标，保证局部或部门的利益，不及时向上级反映存在问题，导致错误的工程措施持续了 4～5 年，浪费了大量的财力。

（3）专家学者：出于追求自身利益或客观的认知水平限制，很多专业技术人员对错误的工程措施陷入道德困境，采取盲从、默认或支持态度，不愿表达异议或建言献策。

结合实际：参与制定政策的行业专家是否应该对水环境污染的成因和规律进行深入细致的研究？地方政府是否应该及时向上级反馈过程中遇到的问题和经验证无效的工程措施，减少宏观的经济损失？工程技术人员遇到类似情况该如何处理？

# 五、结　论

案例教学是工程伦理教学的重要形式。教师在选取教学案例时，基于工程伦理的原则及准则，捕捉网络、媒体以及生活中遇到的事件及工程案例，充分利用现代信息技术手段，丰富工程伦理案例内容及形式，保证工程伦理教学的案例库与时俱进，使学生在工程伦理学习过程中感受深刻。在案例选取的过程中，宜做到：

（1）基本所有的工程都含有环境伦理问题，宜深度挖掘。

（2）就课堂内容设置比例而言，宜理论及案例分析各占一半；就案例类型来说，宜通识类与专业类各占五成。

（3）优先考虑与环境公平正义相关的工程案例，其次是与利益均衡相关的案例。

# 参 考 文 献

[1] 教育部. 关于加强专业学位研究生案例教学和联合培养基地建设的意见: 教研〔2015〕1 号 [A/OL]. (2015-05-07) [2022-11-30]. https://graduate.nankai.edu.cn/_t738/2022/1123/c31401a497538/page.htm.

[2] 王淑勤, 尹大琪, 苏金波. 仿真案例教学法在"废水处理工程"中的应用[J]. 实验技术与管理, 2017(7): 169-173.

[3]    马傲玲, 张猛持, 陈自力. 案例教学在"工程伦理"课程教学中的应用研究[J]. 兰州教育学院学报, 2019, 35(4): 105-107.

[4]    张恒力, 许沐轩, 王昊.美国工程伦理教学模式探析[J]. 自然辩证法研究, 2017, 33(11): 42-46.

## 作者简介:

冯沧（1968—   ），男，博士，讲师，研究方向：城市水务管理。

庞维海（1976—   ），男，博士，讲师，研究方向：水处理与资源化。

吴鹏凯（1983—   ），男，硕士，助理研究员，研究方向：研究生教育。

# 数字革命背景下新工程形态的伦理风险及其伦理超越[①]

程　露[1]，王蒲生[2]

（1. 清华大学医院管理研究院，深圳　518055；2. 清华大学深圳国际研究生院，深圳　518055）

**摘　要：** 数字革命背景下，传统工程伦理风险依旧存在的同时，一系列新工程形态的伦理风险也逐渐产生。科技创新赋予了人类越来越强大的能力，但与此同时，其可能产生的不良后果也越来越难以承担。这意味着工程师对于科学技术的伦理思考应该前置到工程活动之初。在具体实践中，工程师应该前瞻性地将科技创新的价值取向、社会需求及预期后果与研发过程结合起来，实现负责任的研究与创新。

**关键词：** 数字革命；工程伦理；大数据技术；负责任的创新与研究

工程形态是指在一定条件下工程的表现形式[1]。任何时代的工程活动都是以那个时代的科学技术为基础的，因此，技术革命往往会产生新的工程形态[2]。信息化的高速发展带来了云计算、人工智能等数字技术，引发了数字革命，各类数据也因此发生了爆炸式的剧增。人们形象地称当下为大数据时代。大数据时代深刻地影响着人们的思维方式和生活方式，也引发了一系列新工程形态的伦理风险。

## 一、新工程形态的伦理风险

数字革命所带来的"自由、平等、开放、分享"精神，不断地刷新着人们固有的思想观念[3]。人们开始使用数据去说明、处理大多数事物，甚至认为"万物皆可量化"。然而，与所有新技术一样，这些巨大的变革同时也产生诸多新工程形态的伦理挑战。其中，数字身份、隐私保护、信息可及、数字鸿沟以及人的异化现象尤为显著。

### 1. 数字身份

数字身份，也称"在线身份"，顾名思义，是指运用数字技术赋予使用者在线使用的特定身份。它是一个人所有在数字上可得信息的总和，这种身份可以被计算机或其他系统可及、使用、储存、转移或处理。目前，围绕数字身份较为严重的风险是身份盗用及数字身份的可追溯。

首先是身份盗用问题。数字革命背景下，数字身份具有巨大的商业价值，是一种非常

---

① 基金项目：2018 年度教育部人文社会科学一般项目"多维视角下中国器官捐献的技术社会学研究"（18YJA840011）。

重要的信息资源。这一特性使得数字身份成为很多不法分子的重点关注对象，盗用、售卖数字身份信息等恶性案件常有发生。甚至有些不法分子在盗取别人数字身份后，借其身份从事犯罪活动，给身份被盗用者带来了无法估量的损失。

其次是数字身份的可追溯问题。人们在享受手机软件所带来的诸多便捷的同时，也感受到其对人们信息掌控的恐惧。大数据技术能够根据网络上的数字身份，追溯到现实生活中的实际身份或是临摹出用户的主要特征，这给用户的生活造成极大困扰。

现在所熟知的大数据杀熟现象其实就是数字身份盗用与可追溯的典型。大数据杀熟，一般是指软件产品方运用大数据和算法技术收集并分析用户的偏好、习惯、支付能力等个人信息，建立出"用户画像"，最终将同一种商品或服务以不同价格卖给不同的用户，以此获得更多利润。为保证提供给用户更加个性化的服务，商家获取用户信息似乎是很常见的现象，但对用户而言，数字身份的被获取很可能会引发大数据杀熟。

大数据杀熟在诸多平台都存在。有研究人员打车 800 余次调研发现：当用户手机越贵时，软件更偏向于推荐价格较高的"舒适型"车辆；并且价位较高的苹果品牌手机往往获得的优惠力度要小于其他品牌手机。[4]此外，有研究报道了这种现象在网络购物、在线旅游等业务领域中也常有出现[5]。

实际上，大数据杀熟现象主要涉及两种违反伦理的行为：一是在用户个人信息的收集阶段，其涉嫌违法收集个人用户信息；二是在运用大数据杀熟的实施阶段，其涉嫌价格欺诈。

## 2. 隐私保护

大数据"开放""共享"的特性带来严峻的隐私泄露危险。在使用大数据产品时，大多数用户并不清楚自己的数据被利用，搜索记录、购买记录、位置信息等往往也会在不经意间就被收集了起来。隐私权是人的一种基本权利，个人隐私安全尤为重要，需要得到更多保护。

作为保障公共安全的重要工具，监控摄像头在生活中已经无所不在，但是有些商家所安装的摄像头看似普通，却暗藏玄机。人脸识别、严重侵犯个人数据隐私的现象早有曝光：某品牌在全国上千家门店中安装具有人脸识别功能的摄像头，以收集人脸数据开展消费者流动对比。中国早有相关法律规定，人脸信息不仅属于"生物识别信息"，还属于"个人敏感信息"，在软件收集个人信息之前应该征求用户主体的授权同意[6]。更为严重的是，目前人脸识别早已成为很多用户的支付密码、账号密码等，而且用户往往无法更改自己的人脸信息，一旦这类信息发生泄露，将严重威胁用户的财产安全和隐私安全。有鉴于个人隐私保护问题愈加严峻，对于涉及隐私的数据收集与分析技术的应用仍需要更多规制，数据平台的治理也亟待加强。

## 3. 信息可及

网络信息的可及涉及对网络信息审查和过滤所造成的伦理问题。一方面，出于对使用者个人自主、知情选择权的尊重等，确保使用者信息获取的正当权利很有必要。另一方面，也要防止诸如网络色情信息、暴力信息、钓鱼网站等这些信息的不当可及。具体而言，对于网络信息的过滤一般是基于政治原因、社会规范与道德原因，但在不同的国家及地区均有不同尺度的过滤和屏蔽范围。

中国知网平台垄断案就是保障信息正当可及的反面例子。在信息资源爆炸、技术手段越来越发达的今天，知识共享本应该更加便利，知识共享的成本也应不断减少，知网却凭借着自身影响力，不仅收取高额费用，还屡次涨价，严重阻碍知识的广泛可及。信息时代，信息即是资源，更是推动学术进步与科技创新的重要力量。主打"知识共享"的知网，其建立的初心就是为促进学术研究和知识的高效传播。也正基于此，中国政府随后将其列入建设创新型国家战略布局的重要一环，大量高校及学者也充分贡献自己的学术资源。然而，随着自身盘子越做越大，知网却将国家及社会各界的支持视为其获取垄断利润的来源，日益偏离平台建设之初衷。一方面忽视知识产权，"薅创作者羊毛"；另一方面垄断知识传播渠道，年年提高文献订购价格，令高校叫苦不迭。为知识付费，无可厚非，但借此坐地生财，抑制知识传播，势必会成为科技创新与时代进步的阻碍。

网络信息可及的另一方面，是要求对不当信息进行必要的过滤。在后真相时代，网络操控的言论足以影响社会秩序，过分开放的言论自由极易受到滥用，因此近年来许多国家出于维护国家安全稳定、保护未成年人等原因，都开始出现一定程度的网络信息过滤。如中国政府自 2014 年以来几乎每年都会开展"净网""护苗"等专项行动，全面清查网上淫秽色情信息，并严惩制作传播淫秽色情信息的企业和人员。

## 4. 数字鸿沟

"数字鸿沟"，是指不同社会经济水平的个人、家庭、企业或不同地理区域之间在获取信息和通信技术机会方面的差距[7]。在数字革命背景下，信息"富有者"拥有大量的数据信息，并能将已有的大数据分析转化为利益，获得更多有利的资源。而信息相对匮乏的普通民众往往无能为力。"数字鸿沟"最终结果是信息"富有者"和信息"贫困者"之间天差地别的社会地位。显然，这种现象涉及社会公正问题，它的存在和扩大严重违背了公平原则。

"数字鸿沟"的最大受害群体是老年人。很多老年人由于不会使用互联网及智能产品，而被"拒之门外"。中国互联网络信息中心发布的第四十七次《中国互联网络发展状况统计报告》显示，截至 2020 年年底，中国 60 岁及以上老年人口达到 2.64 亿人，而其中的网民只有约 1.11 亿人，仅占 42%。而相比之下 60 岁以下网民占比为 76.5%，远高于老年人群中网民占比，其中未成年人互联网普及率更是高达 94.9%[8]。

老年人的"数字鸿沟"困境亟待解决。导致这种困境的原因有很多，既包括老年人生理、心理等方面因素，也含有一些平台软件、公共服务机构缺乏全面考虑的因素。新冠病毒的大流行进一步放大了老年人的"数字鸿沟"困境，扫健康码难、就医难、支付难等一道道关卡阻碍着老年人融入现代社会。2020 年，中国政府发布文件要求各部门聚焦涉及老年人的高频事项和服务场景，倡导传统服务方式与智能化服务创新并行，切实解决老年人在运用智能技术方面遇到的突出困难[9]。随后，中国越来越多的服务场所及平台相继为老年人制定了有针对性的举措。

## 5. 人的异化

"异化"哲学上是指把自己的素质或力量转化为跟自己对立、支配自己的东西[10]。"人的异化"是指，人的物质生产与精神生产及其产品变成异己力量，反过来统治人的一种社会现象。当人类的生产活动或其产品忽略甚至反对人类自己的特殊性质和特殊关系时，往往就会导致"人的异化"（the alienation of people）。马克思（Karl Marx）、马尔库塞（Herbert Marcuse）等人早就关注到了"人的异化"这种社会现象，并且指出社会分工固化是其中的最终根源。大数据和算法技术是辅助人类决策的重要工具，但当其缺乏对于人性的关注时，长期的应用往往就会导致使用者丧失能动性、遭到奴役。

外卖的智能配送系统就是很好的例子。为提高外卖订单的配送效率，一些外卖平台利用大数据和算法技术研究开发了实时智能配送系统，将外卖订单以最优的方式派送给外卖员，并规划出最佳的配送路线。算法通过计算尽量压缩配送时间，甚至超出骑手配送最短时间，以达到平台、骑手和用户三方追求的效率最大化[11]。为应对此种情况，减少超时事件的发生，骑手往往会选择超速、闯红灯、逆行等违反交通规则的行为。这是骑手在系统算法的控制和规训下不得已作出的选择，但却被大数据和算法技术识别误认为可行。这种大数据和算法技术在训练配送系统规划路线时，忽视了交通规则以及骑手的工作极限，最终不仅直接导致外卖员遭遇交通事故的数量急剧上升，也在无形中不断增加外卖员的工作强度。

在外卖智能配送系统的例子中，这种大数据和算法技术虽然极大地提高了外卖配送效率，但也控制着外卖骑手，消解了他们的创造性以及生活和工作的乐趣。在平台智能算法的加持下，这些外卖骑手逐渐被物化成一种配送工具，被超时率、差评率、投诉率等量化指标绑架着，快速且机械地送出一单又一单。

## 二、工程活动中的责任约束

在新一轮科技革命和产业变革深入发展时期，伦理责任在伦理理论和道德话语中日益凸显，发挥着比以往更加巨大的作用，并且成为当今社会中最广泛的规范概念。通常而言，责任是知识和力量的函数。社会中，总有一部分角色掌握着知识或特殊的权力，例如医护人员、法官、工程师、科学家、高级行政官员等，这些角色的行为往往会对人类社会与自然界产生相较于其他人更大的影响。因此，他们理应担起更多的伦理责任，并且需要一些特殊的行业规定（如希波克拉底誓言、工程师协会基本准则等）来约束他们的行为。

责任一词主要用来表示"人们应该对自己的行为负责"。从哲学角度而言，责任概念的核心是"作为行动者的主体"与"行为后果"之间的关系。汉斯·约纳斯（Hans Jonas）也曾在责任伦理学开山之作《责任原理》（*The Imperative of Responsibility*）中总结道："责任的最一般、最首要的条件是因果力，即我们的行为都会对世界造成影响；其次，这些行为都受行为者的控制；最后，在一定程度上行为者能预见后果。"[12]按照其认定程序来划分，责任可分为回溯性的"消极责任"以及前瞻性的"积极责任"。

消极责任，是基于被动追溯的视角，指在已发生了工程事故的不良后果之后，回溯性地将责任追加于责任主体[13]。其概念包括三个要素：行为者、行为及结果。消极责任主要的依据是相关工程师协会等组织制定的工程领域内部的规定，其重点强调工程师对于雇主的义务、忠诚以及自己的职业操守，是一种工程责任伦理的基础要求。其中，保证工程成果的质量、维护社会公众安全是一种最基本的责任要求。

然而，消极责任的概念逐渐不再适用于当今错综复杂的社会系统。方兴未艾的科技创新是一把双刃剑，一方面增强了工程师改造世界的能力，另一方面也带来不可预估的风险。现代技术的磅礴力量，意味着消极责任视角下发生的不良后果往往是人类所无法承担的。因此，社会迫切地需要一种考虑长远的伦理责任，一种以未来为导向、预防性的伦理责任，即前瞻性的积极责任。

积极责任，基于主动前瞻性视角，是指在工程事故发生之前，责任主体积极承担相应的责任。早在 1968 年，就有学者指出："有这样一种责任，即对自己没有做过的事情负责。"[14] 这其实就是前瞻性的积极责任，但其主要是从政治哲学角度探讨。1984 年，约纳斯从技术伦理角度将这种积极责任进一步概括为：每个人都应该对整个人类的发展延续负责，都需要考虑如何行动来维持人类在地球上的存在[12]。

数字革命背景下，工程师尤其需要前瞻性地承担积极责任。现代技术的赋能下，工程师往往掌握着更多的知识、更强大的能力，他们的创新活动对人类社会及自然界有着远远大于他人的影响力。按照约纳斯的观点，工程师在工程设计与建设阶段，就应该秉持对后代预先关怀的原则，前瞻性地承担应有的伦理责任。

# 三、从伦理约束到行动：负责任研究与创新

积极责任的提出为数字革命背景下新工程形态的伦理风险提供了解决方向，但这可以付诸实践吗？建构主义科技观以及在此基础上发展而来的"负责任的研究与创新"（responsible research and innovation, RRI）理论为此提供了具体的解决方案。

## 1. 建构主义科技观

科学技术的价值观是指人们关于科学技术对人的意义和功效的观念[15]。而这涉及一个热议话题：技术究竟是好是坏？在被使用前，技术是价值中性的吗？一类典型的回答是价值中立论，而近些年来建构主义的科技观对此予以反驳。

科学技术价值中立论，顾名思义，无论是科学知识本身还是科学活动的动机及目的，都应以逻辑和事实为基础而保持价值中立。约瑟夫·皮特（Joseph Pitt）将科学技术价值中立论通俗地总结为"枪不杀人，杀人的是人"[16]。"刀"只有当使用者决定是去削水果还是使用它去行凶时，它的价值才最终被定义。早在古希腊时期，亚里士多德就曾强调学术研究不应该与实用技艺混为一谈，并主张"为求知而从事学术，并无任何实用目的"[17]。韦伯（Max Weber）将科学视为工具理性，并宣称"一名科学工作者，在他表明自己的价值判断之时，也就是对事实充分理解的终结之时"[18]。正因为如此，科学技术价值中立论通常也称"科学技术工具论"。17 世纪，羽翼未丰的英国皇家学会就曾向当时的保皇党作出价值中立的保证，承诺"不插手神学、形而上学、政治和伦理的事务"，但希望获得"自由发表文章和通信而免受检查的权利"[19]。这种价值中立的立场某种程度上也保护了早期科学的发展。

"科学技术价值中立论"在某个特定范围内确实是成立的，并且至今在学术界仍有影响，但这种思想也常被某些科学家当作拒绝考虑伦理责任的借口。因此，部分学者基于历史研究表达了不同看法：枪械的制作目的就是杀人，技术本身就蕴含一定的价值在其中。当你给一个小男孩一个锤子，你就会发现他遇到所有东西都想敲敲打打。这就是典型的科学

和技术的建构主义观点。具体而言，技术是发明者意志的产物，技术的产生与运用受制于技术主体的文化观念、价值取向、经济利益等社会因素，技术的创新过程是相关社会群体价值妥协和利益不断冲突的结果[20]。建构主义科技观的典型反面案例就是摩西低桥，该桥的设计一直被怀疑蕴含着设计者的不良意图[21]。

在建构论学者的研究中，技术的使用并非关注的重点，他们将焦点置于技术的设计和创新的社会化过程中。这为伦理实践提供了新的启示，即要求工程师在研发端就应该考虑科学技术所产生的社会影响，进行"负责任"的创新而非事后的风险治理，从而积极地履行研发人员的社会责任。

## 2. 负责任研究与创新

社会建构的观点表明科学技术的进步不能忽略对社会因素的考量，工程师应在实践中前瞻性地将对科技创新的价值取向、社会需求及后果的思考与研发过程结合起来，进而实现负责任的研究与创新。

负责任的研究与创新目前并无统一定义，其主要主张是，应谨慎且深思熟虑地处理具有潜在社会变革能力的技术。RRI 的概念最早可以追溯到 2003 年美国颁布的《21 世纪纳米技术研究与发展法案》，该法案不仅要求最大限度地提高纳米技术对社会进步的推动作用，还要求降低技术创新所带来的负面影响[22]。2011 年，欧盟委员会科技政策官员雷内·冯·尚伯格（René Von Shomberg）提出"RRI 是一个透明互动的过程，在该过程中，社会行动者和创新者相互反馈，充分考虑创新过程及其市场输出产品的 （道德伦理）可接受、可持续和社会满意（符合社会的进步与发展）等属性，让科技发展适当地嵌入我们的社会之中"[23]。据此，欧盟委员会提出的"地平线 2020（Horizon 2020）"框架计划进一步将 RRI 概念界定为"通过对现有科学与创新的集体管理以探索创新的未来的活动"[24]。

RRI 研究领域提供了丰富的理论分析框架，其中较为经典的是 AIRR 模型[25]。该模型主要包括预测性（anticipating）、反身性（reflexivity）、包容性（inclusion）、响应性（responsiveness）四个维度。预测性要求工程活动的参与者针对工程活动的正面影响以及负面影响开展前瞻性的讨论。前述关于新工程形态伦理风险的讨论其实就是一种预测。反身性要求工程活动的参与者应该意识到自身知识的局限性，从而反复对工程活动的各个方面进行审视。包容性强调工程活动的设计及建造阶段应该向更多利益相关者开放与公开，主动并尽早地抓住各种形式的观点、反馈以及其他形式的信息。响应性要求工程活动的参与者有能力及时调整研究和创新的发展轨迹，以对利益相关者、动态环境等方面作出反应。

负责任的研究与创新在诸多领域都有所发展，较为经典的是设计领域的价值敏感设计（value sensitive design）[26]。价值敏感设计由华盛顿大学的巴特亚·弗里德曼（Batya Friedman）和彼得·卡恩（Peter H. Kahn）于 20 世纪 80 年代末开发，重点关注信息系统设计和人机交互领域的设计，强调直接和间接利益相关者的价值。具体而言，价值敏感设计通过概念、经验和技术三种类型的调查，使用迭代设计，把利益相关者的价值诉求嵌入技术设计和研发中去。

算法歧视其实就是价值敏感设计的一种反面形态。在大数据时代，民众的身份和行为数据被广泛收集，其健康状况、需求偏好、消费能力和发展潜力等都会被算法精准地捕捉到。PredPol 是一种预测犯罪发生的时间和地点的算法，旨在减少警务中的人为偏见，已在美国多个州使用。但在 2016 年，该软件被发现可能会导致警方不公平地瞄准某些社区。当科研人员将 PredPol 算法的模拟应用于加利福尼亚州奥克兰的毒品犯罪时，它反复向少数族裔人口比例很高的社区派遣警察，而不管这些地区的真实犯罪率如何。后经学者证明，该软件其实是从警方记录的报告而不是实际犯罪率中学习的，PredPol 的存在创建了一个"正反馈循环"，加剧了种族偏见[27]。最终，PredPol 的 CEO 宣布，为了避免偏见，该软件不会再用于预测毒品犯罪。无论是从算法的设计还是算法数据来源角度考虑，算法歧视的存在其实很大程度上源于人类自己的偏见。换句话说，算法其实也是一种价值驱动的产物。

此外，对 RRI 的关注也并未止步于理论层面，量子计算（ouantum computing）领域早已开始该理论的具体应用。牛津大学基于英国国家量子技术计划（UK National Quantum Technologies Programmed）开展了一项研究，旨在揭示量子计算在社会上和经济上可能引发的变革，并确定其中潜在的、具有破坏性的不利影响[28]。

## 四、结　　论

大数据技术发展迅速，深刻地影响着人们的思维方式和生活方式，同时也引发了新工程形态的伦理思考，例如数字身份、隐私保护、信息可及、数字鸿沟、人的异化等现象。对于这些问题的解决，不仅需要积极采取针对性的解决措施，还需要工程师在工程活动过程中将对技术的价值选择、社会需求及后果的思考与研发过程结合起来，主动地承担相应的伦理责任，最终实现负责任的研究与创新。

## 参 考 文 献

[1] 雷庆, 王敏. 工程设计与工程设计教育的历史解读[J]. 高等工程教育研究, 2014(1): 38-44.
[2] 张铃. 工程与技术关系的历史嬗变[J]. 科技管理研究, 2010, 30(13): 294-298.
[3] 张峰. 大数据时代隐私保护的伦理困境及对策[J]. 人民论坛·学术前沿, 2019(15): 76-87.
[4] 孙金云. 2020 打车软件出行现状调研报告[R]. 上海: 复旦青年创业家教育与研究发展中心, 2020: 40-41.
[5] 蒋传海. 网络效应、转移成本和竞争性价格歧视[J]. 经济研究, 2010, 45(9): 55-66.
[6] 国家标准化管理委员会. 信息安全技术个人信息安全规范: GB/T 35273-2020[S]. 北京: 中国标准出版社, 2020: 18.
[7] 徐芳, 马丽. 国外数字鸿沟研究综述[J]. 情报学报, 2020, 39(11): 1232-1244.
[8] 中国网信网. 中国互联网络发展状况统计报告[EB/OL]. (2021-02-03) [2022-09-12]. http://www.cac.gov.cn/2021-02/03/c_1613923423079314.htm.
[9] 国务院办公厅. 关于切实解决老年人运用智能技术困难实施方案的通知[EB/OL]. (2020-11-15) [2022-09-12]. http://www.gov.cn/zhengce/content/2020-11/24/content_5563804.htm.
[10] 中国社会科学院语言研究所词典编辑室. 现代汉语词典[M]. 北京: 商务印书馆, 2016: 1553.
[11] 陈龙. "数字控制"下的劳动秩序——外卖骑手的劳动控制研究[J]. 社会学研究, 2020, 35(6): 113-135, 244.
[12] JONAS H. The imperative of responsibility: in search of an ethics for the technological age [M]. Chicago: University of Chicago Press, 1984: 90.
[13] VAN DE POEL I. The relation between forward-looking and backward-looking responsibility [M]//VINCENT N A, VANDEPOEL I, VANDENHOVEN J. Moral responsibility: beyond free will and determinism. Dordrecht: Springer, 2011: 37-52.

[14] ARENDT H. Collective responsibility [M]//BERNAUER J W. Amor Mundi: explorations in the faith and thought of Hannah Arendt. Dordrecht: Distributors for the U.S. and Canada Kluwer Academic Publishers, 1987: 43.

[15] 陈彬. 论科学技术中的价值问题及其伦理指向[M]//贾英健. 伦理与文明: 第 1 辑. 北京: 社会科学文献出版社, 2013: 204-213.

[16] PITT J C."Guns don't kill, people kill": Values in and/or around technologies [M]//KROES P, VERBEEK P-P. The moral status of technical artefacts. Dordrecht: Springer Netherlands, 2014: 89-101.

[17] 亚里士多德. 形而上学[M]. 吴寿彭, 译. 北京: 商务印书馆, 1959: 5.

[18] 韦伯. 韦伯作品集 1: 学术与政治[M]. 钱永祥, 译. 桂林: 广西师范大学出版社, 2004: 116.

[19] PETERS M A, BESLEY T. The royal society, the making of 'science' and the social history of truth [J]. Educational philosophy and theory, 2019, 51(3): 227-232.

[20] 毛牧然, 陈凡. 论技术本身价值负荷的演化模式——兼论对以往技术本身价值负荷理论的发展[J]. 科技进步与对策, 2012, 29(19): 4-7.

[21] WINNER L. Do artifacts have politics? [J]. Daedalus, 1980, 109(1): 121-136.

[22] 108th Congress (2003—2004). 21st century nanotechnology research and development act[EB/OL]. (2003-12-03) [2022-09-12]. https://www.congress.gov/bill/108th-congress/senate-bill/189.

[23] SCHOMBERG R. Prospects for technology assessment in a framework of responsible research and innovation[M]//DUSSELDORP M, BEECROFT R. Technikfolgen abschätzen lehren. Wiesbaden: VS Verlag für Sozialwissenschaften, 2012: 39-61.

[24] European Commission. Horizon 2020[EB/OL]. [2022-09-12]. http://ec.europa.eu/programmes/horizon2020/en/h2020-section/responsible-research-innovation.

[25] STILGOE J, OWEN R, MACNAGHTEN P. Developing a framework for responsible innovation[J]. Research policy, 2013, 42(9): 1568-1580.

[26] FRIEDMAN B, HENDRY D G, BORNING A. A survey of value sensitive design methods [J]. Found trends hum-comput interact (USA), 2017, 11(2): 63-125.

[27] MIC. Crime-prediction tool PredPol amplifies racially biased policing, study shows[EB/OL]. (2016-10-12) [2022-09-12]. https://www.mic.com/articles/156286/crime-prediction-tool-pred-pol-only-amplifies-racially-biased-policing-study-shows#.TkG1Q7OY5.

[28] University of Oxford. Responsible research and innovation in networked quantum IT[EB/OL]. [2022-09-12]. https://www.cs.ox.ac.uk/projects/NQITRRI/index.html.

## 作者简介：

程露（1996— ），男，公共管理专业在读硕士研究生，主要研究方向：医院管理。

王蒲生（1962— ），男，清华大学深圳国际研究生院教授、博士生导师，主要研究方向：科学技术哲学。

# "生物工程伦理学"课程教学实践

孙　敏，叶守东，开桂青

（安徽大学生命科学学院，合肥　230601）

**摘　要：** 工程伦理教育对于生物工程专业的学生尤为重要，针对生物工程伦理教育中跨学科联系性不高、教学方法单一、缺乏专业教材、学生重视程度不够等问题，由不同研究背景专业教师组成教学团队，根据专业设置情况调整课程内容设置，教师利用各自的专业优势开展教学。在教学过程中重视案例教学，培养学生伦理意识，掌握伦理规范，提高工程伦理的决策能力，为其在未来工作中的应用打下良好的基础。

**关键词：** 生物工程；工程伦理；案例教学；教学研究

## 一、引　言

　　工程实践既是应用科学和技术改造物质世界的自然实践，更是改进社会生活和调整利益关系的社会实践，它不但体现着人与自然的关系，而且必然深刻涉及人与人、人与社会的关系[1]。因此，在工程活动中存在许多深刻和重要的伦理问题，工程伦理便是从伦理角度对工程活动进行的深刻反思。

　　生物工程将工程理论和实践扩展到生命世界，广义上包括遗传工程（基因工程）、细胞工程、微生物工程、酶工程等，生物工程伦理是融合了生物学、工程学、医学、化学和物理等学科的伦理，因此是所有伦理中最复杂和最具挑战性的。生物工程使生命的资源为生命本身所用，其目标产品直接关系到公众的身体健康和生命安全，因此比工程学的任何其他分支都更需要一定程度的自我反思。生物工程专业学生和工程师越来越多地参与涉及人类或动物的项目、设计或研发，因此工程伦理教育对于生物工程专业的学生和工程师尤为重要。

　　生物工程专业硕士研究生培养侧重于生命科学研究和实践，使学生掌握生物工程领域坚实的基础理论、系统的专门知识，受到严格的现代生物学实验研究方法和技术手段的科学训练，具备独立从事专门技术工作的能力，成为能够承担专业技术或管理工作、具有良好职业素养的应用型专门人才。学生毕业后将成为未来的生物工程师，在生物工程与工业生物技术领域的科研院所，医药、食品、化工、轻工等企事业单位内从事制药、环保、酶制剂、代谢产物等生物制品的研究与开发、项目设计、生产管理等工作。因此，要通过工程伦理教育使学生将"确保公众的安全、健康和福祉"这一首要目标贯彻到工程活动当中，同时强调"工程师不应以牺牲职业尊严和诚信为代价来促进自身利益"，提高未来生物工程师的道德水平和职业道德，培养工程伦理素养，树立正确的价值观。

# 二、生物工程伦理教学中存在的问题

发达国家工程伦理教育始于 20 世纪 70 年代，90 年代后日益受到重视，1996 年美国注册工程师考试将工程伦理纳入"工程基础"考试范围，从而使工程伦理教育被纳入教育认证和工程认证的制度体系中。我国工程伦理教育起步较晚，在 20 世纪 90 年代工程伦理受到国内学者的关注。进入 21 世纪，工程伦理教育受到工程界、教育界和政府相关部门的高度重视，使工程伦理教育在工程教育中得以全面推进。2014 年召开的"工程呼唤伦理：学术界与企业界对话"的工程伦理教育论坛指出，中国正逐渐由工程大国转向工程强国，"强"不仅指质量、水平及创新能力，更包含价值和理念方面的提升；指出工程教育要针对忽视伦理教育的短板，要把价值塑造作为工程教育的核心目标之一[2,3]。2016 年全国工程专业教育指导委员会组织专家编写出版了《工程伦理》教材，对工程专业学位研究生伦理素质的培养有着重要的推动意义。

在此之前，部分高校相继开设了伦理相关课程，如生命伦理学、生物医学伦理学、生物技术伦理学等，其目的是使学生在掌握生物工程技术的基本知识、原理和能力的同时，树立正确的道德观和价值观[4]。安徽大学自 2017 年秋季学期开始开设"生物工程伦理学"，课程类别为专业必修课，授课对象为生物工程专业学位硕士研究生，课程开始之初，由于缺乏经验，教学效果不佳。针对我院情况，我们认为本课程教学存在以下不足之处：[3,5,6]

（1）教师教学经验不足、跨学科联系性不高。一方面，生物工程专业教师人文素养不足，缺乏完善的伦理教育背景；另一方面，拥有伦理素养的教师专业偏人文方向，缺少生物工程专业知识，无法保证与生物工程专业的衔接。这导致专业与伦理无法有机结合，出现断层，教学效率不高。

（2）教学模式单一，教学效果不佳。常采用说教式教学，案例教学采用的案例陈旧，不能与时俱进，或远离工程实践。教学过程中缺少提问和讨论环节，缺少对学生的引导和启发，学生主动性和参与性差，课堂气氛不活跃。

（3）缺乏专业教材。我国的工程伦理教育起步较晚，早期属于思想政治教育，后来引入了一些国外教材，国内的工程伦理教育才慢慢发展起来，但未形成完整的课程体系。《工程伦理》教材中虽有专门一章"生物医药工程的伦理问题"，但是内容较少，无法满足教学需要。由于生物工程领域涉及专业广，很难找到针对生物工程专业学生所关心的所有伦理问题的伦理学教材[7]。

（4）学生重视程度不够。我国理工科教育长期存在严重的"重知识、轻伦理""唯技术论"等问题，导致"我们过去的工程教育，更注重器物化、工程化和技术化的教育，人文精神和社会科学关怀的教育却很少"[3]。生物工程专业学生更注重专业知识的学习和实验技能的掌握，而忽视伦理学的学习，如对于实验动物，学生更注重掌握实验动物的操作技巧，关心实验数据和结果，而忽视实验动物的生活条件，忽视其操作是否违背实验动物伦理，甚至虐杀实验动物。

针对以上生物工程伦理教学中存在的问题，应丰富授课教师队伍，由不同研究方向的教师组成授课团队，发挥不同研究背景和工作经历教师的优势，在工程伦理课中加深对生物工程专业知识的理解，在专业课中渗透伦理教育；教师通过开展教学内容与教学经验交流、参加由教指委组织的工程伦理培训，提升理论水平和授课技巧；同时，查阅书籍、文献，浏览国内外著名大学网站，结合我院研究方向合理设置教学内容；在平时工作和教学中注重教学案例的收集。贯彻"以重点知识讲授为基础，以伦理问题为导向，以案例教学为特点，以职业伦理教育为重心"的教学理念，结合我院开设的研究方向，我们在课程内容设置和教学方法上进行了如下改进。

## 三、生物工程伦理教学内容的设置

教授生物工程伦理的首要目的是培养学生伦理意识和责任感，让学生明白伦理问题是工程不可或缺的。学生必须能够认识到工程实践中的伦理问题，并且发展必要的技能来处理这些问题。此外，通过理解伦理准则并遵照其行事，学生将建立起作为专业人士的身份认识，提高工程伦理的决策能力。因此，在课程内容设置方面，结合我校专业和研究方向，将授课内容设计为四个模块：工程伦理学基础、生物工程师职业伦理规范、生物工程研究伦理、生物工程实践中的热点伦理问题（表1）。

表1　课程内容设置

| | 模块 | 授课内容 | 授课形式与教学方法 |
|---|---|---|---|
| 1 | 工程伦理学基础 | 生物工程、伦理学的基本概念；不同的伦理立场，伦理困境与伦理选择，工程中的价值判断；工程的价值、利益与公正，环境伦理 | 课堂讲授、案例研讨、分组讨论、课后作业 |
| 2 | 生物工程师职业伦理规范 | 工程师职业，工程职业伦理，生物工程师的职业伦理规范 | 课堂讲授、案例研讨、分组讨论、课后作业 |
| 3 | 生物工程研究伦理 | 研究伦理的基本原则，科研中的不正行为，科研人员的行为规范和道德标准，人体实验和动物实验伦理，研究中的利益冲突，伦理委员会，数据管理 | 课堂讲授、案例研讨、分组讨论、课后作业 |
| 4 | 生物工程实践中的热点伦理问题 | 生物医药工程伦理分析框架，流行病研究中的伦理问题，生殖健康伦理，人类基因组计划中的伦理问题，基因检测与遗传筛查中的伦理问题，基因治疗与基因增强中的伦理问题，干细胞研究与克隆技术中的伦理问题，转基因食品与伦理，人工器官技术的伦理问题，纳米生物技术的伦理问题 | 课堂讲授、案例研讨、分组讨论、课后作业 |

## 四、重视案例教学，激发学生兴趣和深入思考

案例教学起源于20世纪的哈佛大学，已被广泛应用于各种应用学科，如医学、法学、管理学等的教学中。案例教学是一种参与式的、基于讨论的学习方式，在这种方式下，学生可以获得批判性思维、沟通和群体动力方面的技能，是一种基于问题的教学和学习方法。我们对每个模块或主题介绍引导案例、课堂案例讨论，以及课后作业布置案例分析，将案例教学贯穿始终，从而培养学生的伦理意识，使其掌握生物工程相关伦理规范，为日后解决工程伦理问题提供参考。

## 1. 引导案例

每个模块或主题导入与其内容紧密相关的引导案例，在案例内容阐述的基础上，提出几个相关问题，引导学生思考分析，从而自然过渡到章节内容的学习。如在"制药工程伦理"一节中，以"反应停"事件作为引导案例，提出与本章内容相关的问题让学生思考：①新药实验过程中如何保障受试者的权益？②如何权衡风险-受益比？③制药企业应承担怎样的社会责任？④工程师应该树立怎样的伦理意识和决策能力？通过这些熟悉的案例启发学生思考，引导学生预习章节内容，激发学生学习兴趣。

## 2. 课堂案例讨论

生物工程与人们生活密切相关，案例丰富，因此教学团队在筛选案例时，更倾向于在工程实践中可能遇到的案例，同时注重时效性和真实性、有展开理论分析的空间和价值、课程相关度高、有引导价值等。课堂上通过文字、图片、视频等方式呈现案例，让学生找出其中涉及的伦理问题，将学生引入一种身临其境的决策场景中，通过学生自己的决策来加强学生的工程伦理意识[8,9]。如新冠疫情中稀缺医疗资源（疫苗、医疗设备等）分配中的伦理问题、基因编辑婴儿事件等。

通过将案例情景教学、互动式讨论及角色扮演等教学手段引入课堂，活跃课堂气氛，增强学生对伦理问题的直观感受，激发学习兴趣，加深学生对生物工程伦理学理论的理解和记忆，引发学生对有关伦理问题的主动思考，使学生真正理解和掌握生物工程伦理的基本理论与方法。如在工程师职业伦理中，工程师肩负着三重使命：对雇主、职业和社会忠诚。以长生生物假疫苗事件为例，讨论举报与忠诚，向学生展现具体工程活动情境中的道德抉择矛盾，引出其中的伦理问题。通过角色扮演让学生设身处地地站在不同利益方的立场进行分析讨论：雇主、管理者以及举报者的同事认为举报是不伦理的，它违反了工程师对雇主的忠诚，但公众认为举报是一种英雄的行为。对于工程师来说，面临什么样的伦理选择？站在工程师的角色上，有的学生选择举报，有的学生选择忠诚，也有学生选择回避。组织学生进行现场辩论，使学生认识到举报不仅没有违反工程师对雇主的忠诚，而且体现了工程师对雇主、对社会和对职业忠诚的统一。使学生深刻理解"工程师在履行其专业职责时，应把公众的安全、健康和福祉放在至高无上的地位"。工程师选择举报，应该注意几个实际建议和常识性规则。同时，更深层次地思考，为什么会出现疫苗造假？如何避免生产过程中的造假行为？等等。这样可以使学生更加深入地理解工程伦理中的技术问题，也可以让学生初步了解工程伦理对实际生产的指导作用。让学生在未来的职业生涯中，更加深入地理解不同的职业角色在具体事件情景中的社会责任、道德意识和伦理诉求等一系列问题。

## 3. 课后作业

学期开始时将班级同学随机分成若干小组，每组不超过 5 人，然后任课教师给出若干主题，如稀缺医疗资源的分配、克隆人、干细胞研究的争议等。每组同学选择一到两个主题，从网络或期刊中收集整理相关案例资料，也可以自拟主题。组内同学分析讨论案例中的伦理问题及解决方案后，由代表准备一个 5 分钟的演示报告向全班同学讲解，内容包括三部分：案例的背景和具体内容，对案例中伦理困境和问题成因的分析（如工程技术上的问题、违反哪些伦理原则或规范），结论与反思（结合伦理规范提出的治理方案）[10]。如学生以某知名女星疑似代孕的话题进行案例分析，除了法律问题以外，主要讨论关于代孕的伦理问题，如：代孕打破传统生育模式，在一定程度挑战了传统伦理；让女性出卖身体物化女性，是对女性尊严的践踏，因此违背伦理。介绍其他国家的代孕政策，以及我国卫生部颁布的《人类辅助生殖技术办法》第三条的规定，"代孕行为违背了我国公序良俗，损害了社会公共利益，我国对此明令禁止"。再由学生进行互动交流或提问辩论，最后教师点评强化教学重点。每个小组还需要写一篇 2000 字左右的论文。除了上述三部分内容，论文中还要写出结论是如何通过其成员的研究和小组讨论得出的，使学生通过深入思考，提高对伦理问题的认识。

# 五、结　语

工程伦理教育越来越受到重视，本课程根据我校生物工程专业研究方向设置教学内容，介绍了工程伦理学基础、生物工程师职业伦理、研究伦理和具体工程实践中的热点伦理问题；在教学中重视案例教学，通过引导案例、课堂案例讨论，以及课后作业布置案例分析等方式，培养学生的伦理意识，提高学生的工程伦理素养。通过本课程的学习，使学生掌握生物工程领域的伦理规范要求，能够清晰表达对生物伦理学问题的不同立场，识别重要生物工程伦理学案例中的伦理概念，分析伦理学论点的有效性和合理性，将伦理学理论、原则和方法应用于生物工程伦理学问题。

# 参 考 文 献

[1] 李正风, 丛杭青, 王前, 等. 工程伦理 [M]. 北京: 清华大学出版社, 2016.
[2] 搜狐教育. 工程伦理教育论坛在清华大学举行[EB/OL]. (2016-08-25) [2022-09-05]. https://www.sohu.com/a/112053351_120194.
[3] 杨斌, 张满, 沈岩. 推动面向未来发展的中国工程伦理教育[J]. 清华大学教育研究, 2017, 38(4): 1-8.
[4] 王琦环, 赵宏宇. 生物工程专业开设生命伦理学课程的探讨[J]. 生物学通报, 2007, 42(11): 50-51.
[5] 项小军. 我国工程伦理教育的发展现状、问题及对策研究[J]. 科技创业月刊, 2011, 24(8): 106-108.
[6] 许兴亮. 工科教学中工程伦理教育探析[J]. 高教学刊, 2021, 7(36): 89-92.
[7] MONZON J E. Teaching ethical issues in biomedical engineering[J]. International journal of engineering education, 1999, 15(4): 276-281.
[8] 杨帆, 张岩. 案例教学在生物医学工程伦理课程中的应用分析[J]. 课程教育研究, 2019(8): 149.
[9] 秦若时, 赵劲松. 新冠肺炎疫情背景下工程伦理教育的教学探究与实践延伸[J]. 化工高等教育, 2020(6): 1-6.
[10] 宫玉琳, 田成军, 詹伟达. 工程伦理课程建设及案例教学探讨[J]. 2022, 15: 54-56.

**作者简介：**

孙敏（1970—　），女，医学博士，副教授，研究方向：药理学。

叶守东（1986—　），男，理学博士，副教授，研究方向：细胞生物学。

开桂青（1972—　），女，工科博士，讲师，研究方向：生物化工。

# 海洋特色工程伦理教育探索与实践①

刘海波，车晓飞，张晓妆

（中国海洋大学研究生院，青岛　266100）

**摘　要：**根据中国海洋大学工程类硕士专业学位研究生工程伦理教育教学实践，探索在海洋强国建设背景下，如何从高校层面推动工程伦理教学方式改革。通过打造具有海洋特色的工程伦理教育课程体系、将工程伦理教育融入研究生培养全过程、深化产教融合创造实践锻炼机会等多种举措，探索构建工程伦理全过程育人模式，切实提升研究生在工程实践中处理复杂伦理问题的能力和独立思考的批判精神，增强其社会责任感，为我国海洋特色工程伦理教育体系构建提供参考。

**关键词：**海洋；专业学位；研究生；工程伦理

## 一、国内外工程伦理研究现状

工程活动是指人类利用各种要素的人工造物活动，为人类文明演进提供不竭动力。工程活动中的计划、设计、建造、使用等各环节都涉及人与自然、人与社会、人与人之间的关系，由此引发工程师对自身职业道德和责任的思考。19 世纪的西方最早开始出现工程伦理思想，美国电气工程师学会（AIEE）、美国土木工程师学会（ASCE）分别在 1912 年和1914 年制定了相关工程领域的伦理准则[1]。随后，美国、日本、马来西亚等国都以不同形式在工程本科教育中开展了工程伦理教育[2,3]。随着现代社会的高速发展，工程活动呈现出规模庞大化、结构复杂化、系统集成化的特点[4]，工程技术运用过程中离不开道德评判和干预。20 世纪 70 年代末，工程伦理发展为哲学、伦理学与工程学、社会学交叉的新兴学科门类，重点关注特定伦理问题和伦理困境，通过践行并不断完善伦理规范和规则来实现"有限的伦理目标"，为应对工程中出现的具体伦理问题提供指导。

我国古代工程活动中，就渗透着关于工程伦理的道德要求，只是未形成科学而清晰的概念；改革开放以来，虽然成立了许多行业工程师协会，但没有形成与之对应的伦理规范[5]。在市场经济的背景下，经济效益与社会效益、企业利益与公众利益、个人利益与群体利益等多方利益冲突加剧，工程伦理教育的重要性逐渐凸显出来。1998 年，肖平在西南交通大学开设工程伦理课程，并出版《工程伦理学》教材，成为我国工程伦理教育诞生的重要标志[6]。2007 年我国首次召开工程伦理学术研讨会后，国内工程伦理相关研究和论著逐渐增多[7]。时至今日，工程伦理教育在中国已走过 20 多年的发展历程，学习吸纳西方研究成果和实践经验的同时，各高校深入贯彻落实《关于加强和改进新形势下高校思想政治工作的

① 资助项目：山东省教育评价改革项目；中国海洋大学研究生教育教学改革研究项目"实施教育评价改革，构建多维协同研究生教育综合评价体系"（编号：HDJG23005）。

意见》和全国研究生教育会议精神，不断探索适合我国国情的工程伦理教育，形成了以清华大学、浙江大学、西安交通大学等高校为代表的工程伦理教育"前沿阵地"[8]。

总体看来，我国工程伦理教育起步较晚，发展现状与工程大国地位不匹配，尚未形成成熟完备的工程伦理教育体系，如何让中国从"工程大国"真正走向"工程强国"，已引起学界高度重视和广泛思考[9]。

## 二、海洋特色工程伦理教育的必要性与存在的问题

21世纪以来，加强工程伦理教育已成为国际高等工程教育的普遍共识[8]。随着我国逐步走向世界舞台中央，海洋强国建设战略不断深入，国家急需大批具有文理交叉知识背景的高层次海洋工程人才，培养德才兼备的工程类专业学位研究生对我国海洋工程事业至关重要。然而，我国在海洋工程伦理教育方面的教学资源和研究十分匮乏，大多数工程伦理教育的案例研究集中在水电工程、电气工程、机械工程、材料工程等发展较为成熟的领域[1,10-12]以及信息技术、生物技术等新兴技术领域[13,14]。仅高俊亮等以海洋工程类专业为例，探索了创新型专业硕士培养质量保障体系[15]；隋江华对"船舶与海洋工程伦理"课程中的思政教育实践进行探索，为船舶与海洋工程领域专业学位研究生教育提供了可参考案例[16]。国内未见对海洋工程领域专业学位研究生工程伦理教育的系统研究。

尽管我国高校已着手建立工程伦理教育体系，但依然面临着师资力量不足、结构不合理、教育教学资源匮乏、课堂教育难以与专业相结合等共性问题[17,18]。具体落脚我国海洋工程领域专业学位研究生的工程伦理教育，主要有以下几个方面的短板：第一，工程伦理课程覆盖面窄，部分高校将工程伦理教育简单地作为通识教育，而没有与专业课程实际密切结合，本土化、特色化的教学内容欠缺；第二，海洋工程伦理教育尚未有效融入研究生培养全过程，工程伦理相关知识和训练局限于课堂，未有效渗透于研究生培养的方方面面；第三，工程伦理教育脱离工程实践，学生缺乏知名企业实习和海上实践机会，学生识别、分析和应对工程伦理新问题的能力不足。

基于以上问题，中国海洋大学在优化工程伦理课程体系、将工程伦理教育融入培养全过程、推动产教融合等方面积极探索实践，努力构建海洋特色工程伦理教育体系，突破海洋强国建设领军人才短缺及深远海人才匮乏的瓶颈，致力于培育坚守学术理想、坚定报国之志的海洋创新人才，为我国海洋强国建设提供坚强保障。

## 三、海洋特色工程伦理教育探索与实践

中国海洋大学专业学位研究生占全校研究生的52%，拥有资源与环境、生物与医药、土木水利、电子信息、材料与化工、能源动力、机械7个工程类硕士研究生授权类别（环境工程等25个领域），不断探索具有海洋特色的工程伦理教育模式势在必行。

### 1. 必修课、专业课、选修课多管齐下，把具有本土文化、海洋特色的工程伦理内容融入课程体系

课程是教育活动的基本载体，学校充分认识到工程伦理教育的重要性和开设相关课程

的必要性，重视基础理论学习的同时，开设"工程伦理"公共必修课，并将工程伦理内容最大限度地融入专业课和选修课，探索构建完整的工程伦理教育课程体系。

公共必修课"工程伦理"自 2018 级起面向全校工程类硕士研究生开设，确保伦理教育全覆盖。课程内容涉及技术伦理、利益伦理、环境伦理、责任伦理四大伦理问题，以及土木、水利、环境、生物与医药、信息与大数据等具体工程领域中的伦理问题。课程修读时间为硕士一年级春季学期，学生正处于具有一定专业知识储备、即将投入实践训练的关键时间节点，此时进行工程伦理教育有助于其形成良好的工程伦理意识。

基础课、专业课、核心专业课紧紧围绕国家海洋工程发展需求，教师在课堂教学中穿插我国海洋工程建设典型事例、生态保护和修复工程案例、海洋生物资源开发利用实例，将"天人合一""守正创新"等传统文化和"海洋命运共同体""绿水青山就是金山银山""碳达峰与碳中和"等发展理念作为最生动的教学资源，直面中国工程实践的文化背景与现实需要。

公共选修课"经略海洋"首次采用文理交叉融合的教学形式，课程由 18 位涉海文理领域学术带头人联合授课，内容涵盖战略体系、海洋文明、物理海洋、海洋地质、海洋化学、海洋国际法、海洋生物、海洋药物、海洋资源、海洋能源、海洋经济、海洋管理 12 个学科方向，引导学生宏观了解海洋科学与技术的发展历史与前沿热点，从多学科交叉融合视角思考海洋综合治理面临的问题，强化自身在构建海洋命运共同体中的担当。

公共选修课"海洋科考认知实践"依托于学校"东方红"系列科考船，课程两天一夜都在海上，主要内容包括安全教育和应急演习、学习海洋调查基本知识和海洋常规要素观测方法、观摩海洋调查仪器设备实操等。登船亲身体验海洋科考主要环节，提高了学生在复杂艰险海上环境中对实际工程伦理问题的认知能力、判断能力及应对能力。

## 2. 将工程伦理教育与思想政治教育深度融合，贯穿于研究生培养全过程

工程伦理教育与思想政治教育有着密切的关系，工程伦理教育是工程领域思想政治教育功能的体现，是思想政治教育内容在工程专业教育中的拓展[19,20]。我校致力于将工程伦理教育融于研究生日常思政教育中，帮助研究生树立正确的世界观、人生观、价值观。

实施导学思政，引导导师认识到在日常指导学生的过程中开展工程伦理教育是研究生培养的应有之义。学校连续多年邀请在校院士讲授"入学教育第一课"，组织校领导和著名学者讲授思政报告，勉励研究生坚守"崇尚学术、谋海济国"的价值取向。依托学校"东方红"系列科考船队，在面向全国涉海高校院所共享的 150 余个航次国家重大海洋科考任务中，弘扬"不畏艰险、敢为人先"的"东方红"（海洋）精神，引导学生主动将个人追求融入海洋强国建设的实践中，构建新形势下工程类硕士研究生"导学思政"体系。

推进科学道德与学术规范教育。将学术道德、学术伦理、学术规范等作为必修内容纳入培养方案，自 2018 年起，将"论文写作指导""学术道德与规范"设置为专业学位必修课，定期开展科学道德与学术规范宣讲。自 2019 年起，提供作业查重服务，从日常课程作业中建立学术道德准则与科研创新意识，规范科研过程与课程考核；将学术不端行为纳入研究生培养全过程监控体系，与学籍管理、学位授予、导师资格挂钩，帮助研究生养成严谨规范的学术态度。

多措并举提升研究生综合素养。实施学术学位与专业学位研究生英语分类教学；开展

英语分级考试，专业学位研究生按 3:7 比例划分为英语一、二级，一级免修"专业学位研究生外国语"。资助研究生参加高水平国际学术会议，鼓励专业课开设英文课程和双语课程，提高研究生论文写作能力和国际交流能力。借助海洋科学、水产一流学科力量，充分利用学术论坛、暑期学校等学术活动资源，培养研究生辩证思考能力、主动学习意识和团队合作精神。以赛促学，充分发挥学校在新农科和海洋工程装备、海洋综合治理等领域的优势，支持引导研究生参加"互联网+"大学生创新创业大赛、中国研究生创新实践系列大赛等，提高工程类专业学位研究生实践创新能力和学以致用能力。

**3. 建立联合培养基地、产教融合创新示范班，建构"校企合作""校地融合"的工程伦理教育长效机制**

在合适的企业开展工程伦理实践教学，能够有效帮助学生在实践中感受工程伦理的精神内核[21]。学校抓住工程类专业应用性强的特点，充分协调校内外资源，在实践教学中培养未来海洋工程师的伦理素养。

学校先后与华为技术有限公司、中交疏浚（集团）股份有限公司、国家海洋信息中心、鲁南制药等 200 多家海洋领域龙头企（行）业构建研究生联合培养基地，聘请校外导师 400 余人。研究生可依托示范性联合培养基地、海外工厂、校内工程实训平台等进行实践学习，深入企业实际，全方位深度参与重大重点项目、国际合作计划和企业研发，在工程科技人员和国内外不同职业背景的优秀导师组指导下现场学习，感知企业面临的实际工程伦理问题，学习运用伦理原则、伦理规范处理实际工程伦理问题之道，体验伦理价值所在。

学校还与海信、华为、58 同城等建立产教融合创新示范班，企业参与制定培养方案、编写精品教材、组织实践教学，促进专业学位与职业资格的有机衔接，实现"订单式"精准培养，建立切实可行的双导师制度和不少于 1 年的实习实践，着重培养学生调查研究及分析问题、研究创新与开发创造、项目执行、自主学习、合作交流、行业引领、学术道德与规范、家国情怀与使命担当 8 项能力，完善"教育—实践—再教育"的专业学位培养模式。培养的工程硕士毕业生曾获"全国工程硕士实习实践优秀成果获得者"等荣誉。

# 四、总结与展望

当前我国已经意识到在工程伦理教育中融入本土传统文化的重要性，但尚未构建起符合我国国情的工程伦理教育体系[7]。在海洋强国建设的战略背景下，中国海洋大学探索海洋特色工程伦理教育课程体系建设，将工程伦理教育融入工程类硕士专业学位研究生培养的各个环节，建立稳定的联合培养基地与产教融合创新示范班，工程类硕士专业学位研究生在校级专业学位研究生优秀成果奖中的获奖比例达 75%，在国家或国际科技竞赛中的获奖数量逐年提高。

我校通过剖析在工程伦理教育方面的相关做法和成效，进一步明确了未来的努力方向：第一，建立工程伦理教育案例库，不断挖掘海洋工程伦理教育特色案例、彰显新时代工匠精神的跨文化典型工程案例，共建共享教学资源；第二，不定期开展工程伦理课程建设研讨会和师资培训班，增强工程伦理教学的师资力量；第三，改进工程伦理教学评价体系，将学生处理复杂工程活动中的伦理问题能力作为教学评价的主要目标。今后，学校将继续与时俱进建设海洋工程类专业学位研究生工程伦理教育体系，培养一大批以谋海济国为使命、引领国际海洋科学发展和支撑海洋强国建设的海洋拔尖创新工程人才，在服务海洋强国建设的征程上砥砺奋进，推动我国海洋特色工程伦理教育与国际接轨。

# 参 考 文 献

[1] 孔玲玲, 傅巾洁, 高飞. 电气工程领域工程伦理教育现状及实践思考[J]. 云南民族大学学报(自然科学版), 2020, 29(2): 115-119.

[2] LYNCH W. Teaching engineering ethics in the United States[J]. IEEE technology and society magazine, 1996, (4): 27-36.

[3] BALAKRISHNAN B, TOCHINAI F, KANEMITSU H. Engineering ethics education: a comparative study of Japan and Malaysia[J]. Science and engineering ethics, 2018(5): 1-15.

[4] 李永胜. 现代工程的基本特点及其哲学思考[J]. 辽东学院学报(社会科学版), 2009, 11(4): 1-9.

[5] 钱广. 工匠精神应融入高校新工科工程伦理教育[J]. 西南石油大学学报(社会科学版), 2022, 24(3): 97-103.

[6] 王进, 彭好琪. 工程伦理教育的中国本土化诉求[J]. 现代大学教育, 2018(4): 85-93, 113.

[7] 于波, 樊勇. 国内工程伦理研究综述[J]. 昆明理工大学学报(社会科学版), 2014, 14(3): 10-17.

[8] 杨斌, 张满, 沈岩. 推动面向未来发展的中国工程伦理教育[J]. 清华大学教育研究, 2017, 38(4): 1-8.

[9] 杨军. 对高校工程伦理教育的再思考[J]. 学校党建与思想教育, 2018(24): 57-58.

[10] 李永香. 水电工程伦理及其风险规避问题研究[D]. 新乡: 河南师范大学, 2016.

[11] 杨鹏程, 肖渊, 金守峰, 等. 机械工程专业工程伦理课程建设的探讨与实践[J]. 中国现代教育装备, 2022(15): 133-135.

[12] 谈淑咏, 毛向阳, 张传香, 等. 工程伦理与课程思政的融合与实践——以工程材料课程教学为例[J].高教学刊, 2022, 8(27): 174-177.

[13] 郑凯, 姜毅, 李晖. 信息领域工程伦理教育的挑战与对策[J]. 高等理科教育, 2021(4): 14-18.

[14] 胡韦唯. 工程师视域下合成生物学伦理问题探析[D]. 合肥: 中国科学技术大学, 2021.

[15] 高俊亮, 马小剑, 刘倩, 等. 创新型专业硕士培养质量保障体系研究——以海洋工程类专业为例[J].中国教育技术装备, 2021(5): 58-59, 62.

[16] 隋江华. 船舶与海洋工程领域专业学位硕士研究生工程伦理思政课程建设[J]. 教育教学论坛, 2019(48): 41-42.

[17] 李恒. 工程伦理教育的关键机制研究[D]. 杭州: 浙江大学, 2021.

[18] 林健, 衣芳青. 面向未来的工程伦理教育[J]. 高等工程教育研究, 2021(5): 1-11.

[19] 王秋辉. 课程思政背景下工科大学生工程伦理教育研究[D]. 南京: 南京工业大学, 2019.

[20] 樊海源. 高校工程文化与课程思政的逻辑阐释、价值统一和实践路径[J]. 思想政治教育研究, 2020, 36(6): 88-92.

[21] 肖凤翔, 王珩安. 斯坦福大学工程伦理教育的经验与启示[J]. 高教探索, 2021(9): 75-80.

## 作者简介：

刘海波（1979— ），男，博士，中国海洋大学研究生院研究生培养办公室主任，研究方向为高等教育研究、研究生培养改革等。
车晓飞（1985— ），男，硕士，中国海洋大学研究生院研究生培养办公室副主任。
张晓妆（1997— ），女，硕士，中国海洋大学研究生院研究生培养办公室秘书。

# 工程伦理典型案例教学实践研究
## ——基于煤矿灾害防治技术的研究生教学①

王兵建，张亚伟，王志明

（河南理工大学能源科学与工程学院，焦作 454000）

**摘　要：** 矿山灾害事故频发折射出工程伦理教育在专业教育中的严重缺失，结合专业教育开展工程伦理教育是培养研究生遵守职业道德、承担职业责任和社会责任、减少灾害事故发生的良策。本文通过深挖煤矿灾害防治技术课程中的工程伦理元素和教育内容，采用典型案例研讨教学法进行教学设计和教学组织实施。教学实践表明：典型案例研讨教学法有助于提高学生伦理意识与能力，增强保障煤矿安全生产的认同感和责任感。该教学法在工程伦理教育融入研究生专业课程方面探索出了一条有效途径，学生满意度达到100%。

**关键词：** 研究生培养；课程建设；灾害防治；典型事故案例研讨教学法

## 一、引　　言

煤炭是我国的主体能源，煤矿安全生产关系到煤炭工业持续发展和国家能源安全，关系到数百万矿工的生命财产安全。近年来，通过各方面共同努力，煤矿安全生产形势持续稳定好转，但事故总量仍然偏大，重特大事故时有发生[1]，比如金山沟煤矿（2016）"10·31"特别重大瓦斯爆炸、孙家湾（2005）"2·14"特大瓦斯爆炸等事故，暴露出煤矿安全生产管理中存在的工程伦理问题，也折射出工程理论教育在矿业工程专业教育中的严重缺失。

工程伦理意识不是与生俱来的，是需要通过教育和培养来造就的。从欧美等国工程伦理教育的发展历程来看，工程伦理教育受社会条件的制约。社会经济越是快速发展，工程伦理问题就越突出，工程伦理教育就越迫切。我国工程领域的工程伦理教育已迫在眉睫[2]。

2014年年初，全国工程专业学位研究生教育指导委员会明确指出：工程教育不仅要继续重视知识和能力，还要重视价值观、诚信人格的培养，加强工程伦理教育，促进工程人才的全面成长和发展，育人之正本，筑国之根基[3]。德才兼备的工程技术人才是高质量工程的重要保障。因此，现代社会和煤炭行业对采矿工程技术人才也提出了更高的要求，既要掌握扎实的专业技术，又要具备优秀的职业道德和工程伦理素养。

"煤矿灾害防治技术"研究生课程面向对象为矿业工程专业硕士研究生，课程内容主要

① 资助项目：河南理工大学研究生精品课程建设"煤矿灾害防治技术"（编号2021YJP05）。

以煤矿建设和生产中所发生的各种事故为研究对象，在分析、总结已发事故经验教训的基础上，综合运用自然科学、技术科学及管理科学等方面的有关知识，辨识和预测煤矿建设和生产过程中存在的危险、危害因素，提出并采取有效的控制措施防止煤矿灾害事故发生，减少事故损失。矿井灾害对煤矿企业安全生产威胁极大，该课程对于培养和提高矿业工程硕士研究生的职业素养、安全素质、工程伦理意识和灾害防治能力都有很大的价值。

不同于本科生，研究生在本科阶段大都已掌握了一定的基础理论、专门知识和基本技能，具备了从事科学研究或专门技术工作的初步能力，同时，研究生课程的选课人数往往较少，具备灵活采用多种教学方法的客观条件。因此，研究生的教学具有明显的灵活性和多样性，讲授法、研讨法、模拟操作法和项目法等均可用于研究生课堂[4]。

## 二、案例研讨式教学思路

案例讨论法[5]指教师运用具体的案例，以学生为主体，有目的地引导学生对案例进行思考、讨论与分析，从而提高学生分析和解决问题能力的一种教学方法，在高等教育领域具有一定的应用基础和经验。作者探索在煤矿灾害防治技术研究生课程教学中融入工程伦理教育，采用案例讨论法引导学生针对典型矿山事故案例积极参与讨论，帮助学生学习和运用工程伦理与工程技术知识从不同角度、不同方面深入分析问题，加强学生的伦理意识，培养识别、应对工程伦理问题的能力。

为了保证课程教学质量，借鉴对分课堂教学模式[6]，参考案例讨论法在课堂教学中的应用，我们提出典型事故案例研讨式教学思路：每个教学单位或模块均以典型事故案例作为内容导入和研讨对象，教学过程被划分为课前准备、课堂讨论及结课论文三大环节，课堂讨论再被划分为小组发言、主题研讨和总结发言三个环节（图 1）。

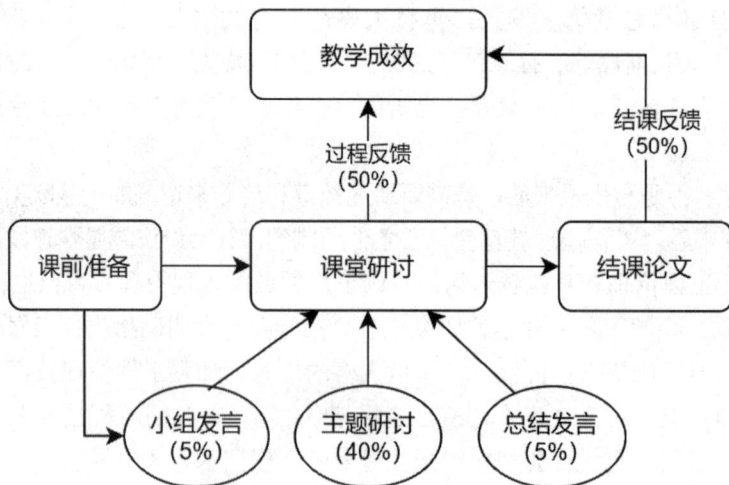

图 1　研讨式教学思路

课堂研讨环节，鼓励研究生积极参与研讨，潜移默化中培养学生对新知识的探索能力、创新能力和工程伦理辨识能力。

# 三、典型事故案例研讨式教学实践

## 1. 课前准备

课前准备是一种行之有效的主动式学习方法，它能明显地提高学生的学习效率，激发学生自觉学习的主观能动性，掌握课堂学习的主动权，同时，也能有效防范和避免课堂讨论遭遇"冷场"或集中于个别同学的个性发言，使研讨失去真正价值和意义。为了帮助学生有的放矢地完成课前准备，提高课前准备效果，每个研讨主题均以公告的方式提前告知学生，使得学生开展课前准备的目标更为明确。

以"矿井瓦斯爆炸防治"模块为例，研讨课前预先向学生交代研讨背景，并给出研讨主题，布置具体的课前准备任务，要求全体学生都必须自查自备至少一个矿井瓦斯爆炸事故案例，结合课前准备内容绘制矿井瓦斯爆炸防治知识导图[7]，形成课前准备成果。

## 2. 课堂讨论

每组随机抽取两人在小组发言环节分别介绍矿井瓦斯爆炸事故案例和矿井瓦斯爆炸防治知识导图，由老师先介绍矿井瓦斯爆炸事故典型案例，之后组织开展主题研讨，重点从企业管理、工程技术、安全监管等角度分析工程伦理责任，最后，由各组选出代表总结发言，并提出矿井瓦斯爆炸事故防范对策及建议。

1）介绍典型事故概况

为了避免事故案例分析的歧义性，选择的典型事故案例全部来源于中华人民共和国应急管理部调查报告专栏中公开发布的事故调查报告。

以重庆市金山沟煤业"10·31"特别重大瓦斯爆炸事故为例：2016年10月31日，重庆市永川区金山沟煤业有限责任公司发生特别重大瓦斯爆炸事故，造成33人死亡、1人受伤，直接经济损失3682万元。这是一起因超层越界、违法开采而导致的责任事故[8]。事故矿井为乡镇煤矿，低瓦斯矿井，设计生产能力为6万t/a，证照齐全。事发当日，金山沟煤矿在违规开采区域采用巷道式采煤工艺，使用一台局部通风机违规同时向多个作业地点供风，风量不足造成瓦斯积聚，遇违章"裸眼"爆破产生的火焰引发瓦斯爆炸[9]。

2）从企业管理和工程管理的角度分析社会伦理责任

根据事故调查报告，金山沟煤矿井下布置了两套生产系统：一套布置在大石炭煤层，是合法生产系统，2014年12月之后停止采掘活动；另一套布置在超层越界开采的K13煤层（位于大石炭煤层下部），是违法生产系统，违反《矿产资源法》第三条规定；金山沟煤矿在机械化升级改造（6万t升级改造为15万t）中，井下未施工相关工程，只是按有关程序履行了手续，属于假技改。

金山沟煤矿的安全管理规定和制度形同虚设，并存在欺瞒安全监管部门和拒不执行安全监管监察指令的现象。比如，金山沟煤矿向安全监管监察等部门提供的资料、图纸不全面、不真实，隐瞒了超层越界区域情况；拒不执行国土资源管理部门要求退出越界区域、煤矿安全监管部门下达的停产整改、煤矿安全监察机构下达的停止一切采掘作业等指令。

此外，与未取得相应地质勘查资质的个人签订钻井地质勘查合同；在违法生产区域采用国家明令禁止的"巷道式采煤"工艺。

这些典型的违法行为折射出企业投资人和管理者缺少最基本的社会伦理责任意识。

3）从工程技术中存在的问题分析和讨论职业伦理责任

"巷道式采煤"工艺不能形成全风压通风系统，使用一台局部通风机违规同时向多个作业地点供风，风量不足，造成瓦斯积聚[10]；违章"裸眼"爆破产生的火焰引爆瓦斯煤尘造成了爆炸。

违规使用民用爆炸物品，违法生产区域未按要求装备安全监控系统、人员位置监测系统、消防防尘供水系统，违反了《煤矿安全规程》相关规定。

这些典型的违规行为又反映出技术管理人员和工程师们缺少最基本的职业伦理责任意识。

4）在项目活动的安全监管中介入工程伦理分析

煤矿生产属于特殊的高危行业，其安全生产受到国土资源管理部门、煤炭行业管理、煤矿安全监管部门、民用爆炸物品管理部门和安全生产监督管理部门等的严格监督。但是，通过事故调查分析发现：

国土资源管理部门在组织开展取缔非法采矿、超层越界开采行为，履行采矿许可证年检职责，监管煤炭资源开采利用与保护等方面存在严重的失职渎职行为。

煤炭行业管理、煤矿安全监管部门在开展煤矿"打非治违"、隐患排查治理监督检查、复产验收、机械化升级改造和煤矿安全质量标准化考评等工作方面未认真履行行业管理和安全监管职责。

民用爆炸物品管理部门未认真履行民用爆炸物品监管职责[10]。

安全生产监督管理部门未认真履行安全监管职责。

上述未认真履行相关监管职责的部门和人员，同样未能担负起相应的职业伦理责任。

5）总结发言与事故防范建议

从工程伦理的角度，认清企业、工程师、安全监管部门、中介机构等的伦理责任后，学生在总结发言时，提出针对性的事故防范建议就水到渠成，比如：加强工程伦理教育，尤其是职业伦理责任培训，提高相关责任主体做好灾害防治的工程伦理意识；此外，严格落实煤矿企业主体责任、严厉打击煤矿违法违规行为、切实增强各有关部门依法行政意识等也必不可少。

## 3. 课后强化与巩固

课后强化与巩固不仅是教学过程中保证教学效果的必要环节，更是实践"以学生为中心"教学理念的最佳载体。工科学生早习惯了应对考试，也习惯了课后作业布置计算题的做法，而对论文撰写显得力不从心，但是，论文撰写却更有利于学生自学能力的培养，也可为以后撰写科研论文打好基础，收效比单纯的考试效果更好。事实上，根据典型事故案例展开课堂主题研讨后，学生反映教学效果非常好，满意度100%，并有种意犹未尽的感觉，因此，紧接着的结课论文就成了学生继续纸上论战，深化知识应用，从工程伦理角度论证事故发生原因、划分责任、提出事故防范对策的新战场。

课程论文要求自选事故案例，自拟题目，按照科技论文写作要求，完成一篇结构完整、层次分明、排版规范的结课论文。根据对相关灾害防治理论和技术的了解，通过广泛的、有效的文献检索与整理，深入思考，多角度分析事故案例中存在的工程伦理与责任问题，并利用已有知识提出合理化建议，如此便能形成从知识学习到知识应用的知识闭环，对于矿井灾害防治技术的理解掌握、提高工程伦理意识都有很大益处。

## 四、课程评价与教学效果评价

课程学习成效的考评方法追求多元化，摒弃仅根据期末考试对学生进行考评的传统评价方法，增加过程考核权重：结课论文评价成绩占50%，过程考核成绩占50%，过程考核包括小组发言（占5%）、主题研讨（占40%）和总结发言（占5%），这样既能反映出学生课前准备的充分程度，又能反映出参与课堂讨论、主动思考、分析问题和解决问题的能力。

统计分析23名研究生选修煤矿灾害防治技术的结课论文，发现100%的同学都从技术、设计、管理、监察，以及人员、培训等层面分析了事故发生的原因，认识到各环节在事故预防和减少事故影响中的重要性，也认识到各级各类人员的责任心是第一位的，缺少工程伦理意识的人员不仅是事故发生的源起者，也是事故持续和扩大的重要影响因素。这些分析，充分反映出煤矿灾害防治技术课程教学中融入工程伦理教育的合理性和有效性，以及典型案例研讨教学法在专业课程教育教学中融入工程伦理教育的优势。

## 五、结　　论

"煤矿灾害防治技术"研究生课程教学过程中，结合典型事故案例开展研讨式教学，学生们能够从企业、工程师、安监部门、中介机构等多视角分析各方在事故中应该承担的责任，对应的工程伦理责任划分也让学生们感受到工程活动过程中各责任主体紧扣生产安全的必要性，提高了学生的社会责任感和专业认同感，增强了研究生阶段工程伦理课程的教学效果。

## 参 考 文 献

[1] 国务院办公厅关于进一步加强煤矿安全生产工作的意见[J]. 矿业安全与环保, 2013, 40(6): 118-119.

[2] 李安萍, 陈若愚, 胡秀英. 工程伦理教育融入工程硕士研究生培养的价值和路径[J]. 学位与研究生教育, 2017(12): 26-30.

[3] 王蕾, 邓晖. 工程教育要补上伦理"短板"[N]. 光明日报, 2014-07-22(13).

[4] 李康妹, 丁晓红, 张永亮. 关于本科生与研究生教学模式差异性的思考[J]. 科教导刊(中旬刊), 2016(2): 39-40.

[5] 吴琳琳, 陈永良, 王强, 等. 案例讨论法在工程伦理教学中的应用[J]. 教育现代化, 2019, 6(54): 182-184.

[6] 李克军, 闫佳坤. 对分课堂融合工作坊: 高校课堂教学新模式[J]. 教育观察, 2022, 11(16): 112-116.

[7] 马桂芬. "讲授自绘思维导图+操作演示"教学法在常用护理技术教学中的应用[J]. 卫生职业教育, 2022, 40(3): 66-67.

[8] 徐乐奕. 金山沟煤业有限责任公司"10·31"特别重大瓦斯爆炸事故[J]. 现代班组, 2017(11): 28-29.

[9]    裸眼放炮不撤人 引爆瓦斯酿大祸——重庆市永川区金山沟煤业有限责任公司"10·31"特别重大瓦斯爆炸事故分析[J]. 吉林劳动保护, 2017(9): 36-40.

[10]  国务院重庆市永川区金山沟煤矿"10·31"特别重大瓦斯爆炸事故调查组, 重庆市永川区金山沟煤业有限责任公司"10·31"特别重大瓦斯爆炸事故调查报告[R]. 2017-09-08.

## 作者简介:

王兵建(1978—  ),男,博士,副教授,主要从事煤矿灾害防治技术方面的教学与研究。

张亚伟,女,博士,讲师,主要从事煤矿灾害防治技术方面的教学与研究。

王志明,男,博士(后),讲师,主要从事矿山安全与灾害防治方面的教学及科研工作。

# 化工企业非全日制工程硕士工程伦理课程教学探究①

石淑先[1]，乔　宁[1]，马贵平[1]，王　矞[2]，赵伟一[1]，杨　阳[3]

(1. 北京化工大学材料科学与工程学院，北京　100029；

2. 山东省国有资产投资控股有限公司，济南　250100；3. 北京化工大学研究生院，北京　100029)

**摘　要：** 加强化工技术人才的工程伦理教育，提高其工程伦理素养，对我国化工行业的可持续发展至关重要。在非全日制工程硕士特点及学情分析的基础上，北京化工大学开设了适于化工企业非全日制工程硕士的工程伦理课程，通过慕课学习、教师串讲、案例讨论、专家讲座等方式开展教学，并通过问卷调查分析了教学效果，进行了教学反思。所得教学经验可供同行参考。

**关键词：** 工程伦理；课程教学；非全日制工程硕士；化工

## 一、对化工人才进行工程伦理教育的意义

化学工业是国民经济的支柱产业，但是曾经的化学工业经历了一段野蛮生产的阶段，安全和环保问题层出不穷，几乎到了"谈化色变"的地步。保证化工生产安全、保护环境、实现化工行业的可持续发展，是所有化工从业者的责任。但是工程师在化工项目决策与实施过程中，经常会遇到各种伦理冲突，陷入各种伦理困境。因此，在我国化工行业逐渐从"高污染、高风险"向"绿色化、高端化"的发展进程中，加强化工领域工程专业学位研究生的工程伦理教育，提高其工程职业素养，引导他们形成绿色化工理念，并将之转化为义不容辞的责任，将有助于他们提高正确辨析和处理工程活动中伦理问题的能力水平[1]。2014年，"工程呼唤伦理"教育论坛明确提出工程教育要强化伦理观念，要把价值塑造作为工程教育的核心目标之一[2]。中国化工学会于2021年2月发布《中国化工学会工程伦理守则》，倡导广大化工行业从业者共同遵守工程伦理守则；2022年7月，中国工程师联合体文化与伦理委员会正式启动《中国工程师伦理规范》的研制工作，进一步推动了工程伦理教育，为化工行业产业转型升级和创新发展提供了强有力的支撑。

## 二、化工企业非全日制工程硕士工程伦理课程教学

专业学位研究生教育是培养高层次应用型专门人才的主要渠道，为我国经济社会发展

---

① 资助项目：北京化工大学2020年研究生课程思政建设项目（G-SZ-PT202001）；北京化工大学2021年研究生教育教学改革项目（G-JG-PTKC202103）；北京化工大学2022年研究生教材建设项目（G-JC202202）。

作出了重要贡献[3]。为培养国家急需的应用型、复合型高层次工程技术和工程管理人才，提高我国基础工业和支柱产业的整体技术水平和管理水平，1997 年我国设立了工程硕士专业学位[4]。考虑到工程硕士作为未来的工程师，不仅要有扎实的理论技术知识，更要有较高的职业道德和工程伦理素养[5]，因此 2018 年国务院学位委员会正式将工程伦理课程纳入工程专业学位研究生公共必修课，为高校培养德才兼备的未来工程师提供了制度保障。我国在 2009 年以前只培养非全日制工程硕士，自 2009 年起开始同时培养全日制工程硕士和非全日制工程硕士。全日制工程硕士研究生的主要生源是没有工作实践经历的应届本科毕业生，一般在校学习；而非全日制工程硕士则主要来自于企业生产实践一线的技术人员或管理人员，一般在职学习。山东京博控股集团有限公司（以下简称"京博"）为提高企业技术水平和管理水平，促进企业良性发展，2021 年推荐多名优秀员工到北京化工大学攻读非全日制工程硕士学位，并专门成立了"京博班"。工程伦理课程是学员需要完成的一门学位课。

## 1. 学情分析

为更好地了解京博班学员的基本情况，有针对性地开展工程伦理课程教学，课程开课前先进行了学情分析。"京博班" 12 名学员全部来自化工企业，他们具有以下特点：①学习目的明确，学习意愿强烈；②存在工学矛盾，他们都是企业的技术骨干和管理骨干，在学习的同时还将继续原有的工作（即在职学习），特别是有些学员工作相对繁忙，课程学习期间很难把时间和精力集中在学习上；③工程实践经验丰富，学员已有 3～15 年的工作经验，具有较强的分析问题、解决问题和理论联系实际的能力，所学知识易于应用到工程实践中；④学员之间年龄区别较大，且大都承担着家庭的重担；⑤学员的工作经历和工作性质不尽相同。因此，对这些来自企业的非全日制工程硕士，培养方案与全日制工程硕士势必存在一定差异[6]。

开课前对京博班学员进行了问卷调查（有效问卷 12 份），并将其与在校学习的全日制工程硕士的问卷结果（有效问卷 97 份）进行了比较（表 1）。从表 1 中问题 1 和问题 2 的问卷结果可知，虽然京博班学员大部分未经过系统的工程伦理教育，但是开课前学员对工程伦理的认识更充分。问题 3—5 的问卷结果表明，企业学员的工程伦理意识、对工程伦理规范的了解程度和工程伦理决策力明显高于在校学生。这个结果与企业学员多年的工作经验有关。

## 2. 教学方案设计

为了让学员兼顾学习和企业正常生产及管理，教学团队在全日制工程硕士工程伦理课程教学基础上[7,8]，为京博班学员量身打造了工程伦理课程教学实施方案（32 学时）。

（1）个人自学《材料与化工伦理》慕课（16 学时）。学员利用碎片化时间学习材料与化工领域相关工程伦理的通论知识，并完成作业、讨论和测试。

（2）集体课堂学习（16 学时）。通过教师串讲（2 学时），加深重点理论知识的理解。通过观看"印度博帕尔毒气泄漏事件""吉化双苯厂爆炸及松花江水污染事件"等典型工程案例视频（2 学时），跨越时空重返危机现场，感受工程影响，体会工程责任。通过案例讨论和辩论（8 学时），例如针对 PX 项目引发的邻避事件，代入具体情境和角色，感受伦理冲突，提高工程伦理敏感度；同时分析企业现状，辨识伦理困境，提出化解方法，提高工

表 1　开课前和结课后在校学生和企业学员学情调查结果例举

| 序号 | 问题 | 选项 | 在校学生 | | 企业学员 | |
|---|---|---|---|---|---|---|
| | | | 开课前/% | 结课后/% | 开课前/% | 结课后/% |
| 1 | 你觉得工程伦理课程是一门思想政治课吗? | 是 | 54.0 | 14.4 | 27.3 | 0 |
| | | 不是 | 24.7 | 83.5 | 63.6 | 100 |
| | | 不清楚 | 21.3 | 2.1 | 9.1 | 0 |
| 2 | 你了解什么是工程伦理吗? | 了解 | 9.0 | 88.7 | 27.3 | 100 |
| | | 不了解 | 28.1 | 1.0 | 0 | 0 |
| | | 了解一点 | 62.9 | 10.3 | 72.7 | 0 |
| 3 | 你觉得你有工程伦理意识或伦理敏感性吗? | 有 | 59.5 | 99.0 | 100 | 100 |
| | | 没有 | 15.8 | 1.0 | 0 | 0 |
| | | 不清楚 | 24.7 | 0 | 0 | 0 |
| 4 | 你了解材料与化工领域中的工程伦理规范吗? | 了解 | 11.2 | 92.8 | 9.1 | 91.7 |
| | | 不了解 | 31.5 | 2.1 | 9.1 | 0 |
| | | 了解一点 | 57.3 | 5.1 | 81.8 | 8.3 |
| 5 | 你觉得你有工程伦理决策力吗? | 有 | 26.9 | 90.8 | 45.5 | 100 |
| | | 没有 | 18.0 | 1.0 | 0 | 0 |
| | | 不清楚 | 55.1 | 8.2 | 54.5 | 0 |
| 6 | 学完工程伦理课程对你将来的职业生涯是否有帮助? | 有很大帮助 | — | 79.4 | — | 100 |
| | | 有一定帮助 | — | 18.6 | — | 0 |
| | | 没有帮助 | — | 2.0 | — | 0 |
| 7 | 课程中哪个环节收获最大? | 案例讨论 | — | 71.1 | — | 100 |

程决策能力。通过专家讲座（4 学时），了解行业现状，掌握工程伦理规范，探讨化工行业未来发展趋势。

（3）通过在线测试和案例分析，考核学员对知识的掌握程度、对具体工程案例伦理问题的辨识程度和化解工程伦理困境的能力。教学考核包括慕课学习、案例讨论、案例分析等，其中慕课学习 30 分（包括视频学习 10 分、作业 10 分、讨论 10 分），慕课测试 20 分；课堂案例讨论 20 分；期末案例分析 30 分。

### 3. 教学过程实施及效果

1）慕课学习

《材料与化工伦理》慕课是北京化工大学专门针对"生化环材"等化工相关专业建设的在线工程伦理课程，2021 年在"学堂在线"上线。学员在本职工作之余，随时随地学习工程伦理理论知识，并通过每章作业及测试，考核知识掌握程度。统计成绩显示，100% 的学员成绩 95 分以上，其中 33.3% 的学员满分。此外，师生在慕课平台还就"碳排放和碳中和""谈化色变""诚信"等内容开展了积极讨论，在肯定化工对社会发展的贡献之外，进一步帮助学员认识到化工从业者身上的责任。

2）案例讨论

案例教学对工程硕士的培养至关重要，特别是对非全日制工程硕士，更要注重理论与实际的结合。"京博班"学员无论是从事技术工作还是管理工作，全都来自企业生产一线，有较强的工程经验和参与意识。因此工程伦理课程的案例，也是尽量选择与企业生产方向相类似的，以便学员能结合工程实际开展小组讨论和辩论。例如"印度博帕尔毒气泄漏事件"，组织学员观看相关视频后，带领学员由表及里剖析，并讨论高危化学品工程设计/建造/运行中的工程风险防范问题、工业发达国家向发展中国家环境成本转移问题、工程活动中的弱势群体权益保障问题等。对于"PX 项目事件"这类国家重点战略项目，剖析并讨论多地"一闹就停"中隐藏的伦理问题、江西九江实现 PX 项目"一枝独秀"的原因，然后学员分组代表不同利益主体（政府、企业、周边居民、普通群众等），通过角色代入进行辩论，深刻体会不同利益主体的需求，寻找和总结化解邻避效应的方法。此外，鼓励各学员从工作经历出发，探讨在企业、部门和岗位面临过哪些工程伦理冲突，陷入过哪些工程伦理困境，以及如何化解此类伦理困境。由于学员们有过类似经历，感受深刻，因此讨论的参与性和自主性很强。学员们纷纷表示通过讨论和辩论，理解了工程与责任、工程与安全、工程与绿色化工、工程与可持续发展的关系，也增强了绿色化工意识[3]。这种结合非全日制工程硕士特点制定的"从工程中来，到工程中去"的案例教学[5]，受到了学员的广泛好评。

结课后对于"课程中哪个环节收获最大"的问卷调查，京博班学员 100%都认为案例讨论环节收获最大，远高于在校学习的全日制工程硕士的 71.1%（表 1）。另外在问卷最后的自由发表意见和建议中，多个学员反馈"案例分析讨论，贴合实际，见解深刻，发人深省""案例讨论的方式打开了我们的思维，提升了参与感""案例讨论让我更加明白作为一名工程师的职责，并不是简单地执行领导的命令，而是要有自己的专业判断，用专业知识帮助企业向健康良好的方向发展，造福社会"。

3）专家讲座

化工工程师在进行工程伦理决策时，不仅要遵照工程伦理原则和规范，更要了解整个化工行业的现状和未来发展，以及在化工建设过程中重点考虑的安全和环保问题。为此安排了两场讲座：中国石油和化学工业联合会专家的讲座，帮助学员了解化工行业存在的安全和环保问题、绿色化工发展、化工园区建设、化工行业责任关怀等方面内容，提高学员工程决策能力；山东省应急管理厅专家的讲座，通过 2015 年山东滨源化学"8·31"事故、2017 年山东金誉石化"6·5"事故、2019 山东齐鲁天和惠世制药"4·15"事故等多起发生在山东的案例，帮助学员更好地了解山东省化工行业现状、化工安全和环保等相关政策、化工事故预防与处理等方面的内容，帮助学员提高工程伦理敏感度，掌握工程伦理规范，提高处理复杂工程情境中伦理困境的能力。结课后的问卷调查结果显示，100%的学员都认为专家讲座非常有必要，拓展了大家对材料与化工伦理理解的深度和广度。

4）教学效果及教学反思

课程结课后的问卷调查结果显示，"京博班"所有学员对课程的总体评价均为"非常满意"。表 1 的调查结果也表明，课程学习后学员的工程伦理相关知识和能力都有了很大的提升；与在校学生相比，企业学员的学习效果更明显。此外，问卷中学员反馈结果表明，100%的企业学员都表示作为一名化工工程师，在执业或从业过程中会把人的生命安全与健康以及生态环境保护放在首位，积极推进绿色化工和可持续发展；在实际工作中，也会从多个维度去考虑工程的影响，并承担社会责任，维护职业声誉；并建议让更多的化工从业人员学习工程伦理，促进化工行业健康可持续发展。

但是，教学中也发现一些问题。例如企业学员课程学习时间安排过于集中，在校学员一般在 8 周左右完成的工程伦理课程，要求企业学员在 1～2 周内完成，短期集中学习可能导致学员理解和掌握知识的程度有所降低，也无法安排能提高教学效果的情景剧剧本创作和表演[8]。虽然慕课学习方便了学员利用碎片化时间学习，但企业学员工作繁忙，造成慕课学习效果与线下课堂相比存在一定差距。此外疫情常态化管控使得专家讲座和集体课堂学习只能线上进行，网络延迟或中断等原因也常影响在线讨论和辩论的效果。

## 三、结　　语

保证化工生产安全、保护环境，是所有化工从业者的责任。特别是通过绿色化工建设美丽中国，更离不开高层次应用型化工技术人才的努力。重视化工人才的工程伦理教育，特别是提高化工企业非全日制工程硕士的工程伦理素养，将直接影响化工行业的可持续发展。高校要在科学发展观指导下，根据现代化工发展特点，将绿色化工理念教育纳入研究生教育中，培养更多具有优秀工程素养、德才兼备的高层次化工人才，为促进国家化学工业的可持续性发展、为人与自然的和谐相处贡献力量。

## 参 考 文 献

[1] 于靖, 徐心茹, 周玲, 等. 强化工程伦理教育, 增强绿色化工理念[J]. 化工高等教育, 2019(6): 1-6.

[2] 易然, 沈岩, 杨斌, 等. 深化工程专业学位研究生教育综合改革初探[J]. 学位与研究生教育, 2017(1): 5-7.

[3] 国务院学位委员会, 教育部. 关于印发《专业学位研究生教育发展方案（2020—2025）》的通知[EB/OL]. (2020-09-25) [2022-09-26]. http://www.gov.cn/zhengce/zhengceku/2020-10/01/content_5548870.htm.

[4] 肖建庄, 徐蓉, 席永慧, 等. 非全日制土木施工工程硕士培养模式与实践(1998—2018)[J]. 高等建筑教育, 2021, 30(1): 56-61.

[5] 李安萍, 陈若愚, 胡秀英. 工程伦理教育融入工程硕士研究生培养的价值和路径[J]. 学位与研究生教育, 2017(12): 26-30.

[6] 王应密, 朱敏, 陈小平. 全日制与非全日制工程硕士培养方式的差异分析[J]. 大学(学术版), 2011(6): 27-31.

[7] 石淑先, 马贵平, 王乔, 等. 工程伦理课程教学改革探索[J]. 化工高等教育, 2020, 37(4): 89-92.

[8] 石淑先, 乔宁, 马贵平, 等. 情景剧表演在工程伦理课程教学中的探索及实践[J]. 高教学刊, 2022, 8(13): 118-121.

**作者简介：**

石淑先（1971—　），女，博士，副教授，主要研究方向：功能高分子材料。

乔宁（1975—　），女，博士，副教授，主要研究方向：金属表面防护。

马贵平（1978—　），男，博士，教授，主要研究方向：功能高分子材料。

# "工程伦理"课程思政教学：
# 价值、困境、路径

何 欣

（西安交通大学马克思主义学院，西安　710000）

**摘　要：** 工程伦理课程是"大思政"格局下高校贯彻落实立德树人根本任务，提升学生的思想政治素质、道德修养和学术操守的重要途径之一。当前我国工程伦理课程思政教学的现实境遇极为复杂，本文深入剖析工程伦理课程思政教学中存在的现实问题，积极探索新工科背景下的工程伦理课程思政教学改革路径，着力构建价值塑造、人才培养与知识传授"三位一体"的人才培养体系，充分发挥思政教育的价值塑造与引领作用，以培养学生的工程伦理意识和社会责任感，进一步提升工程伦理课程思政育人工作的实效性，为我国建成世界科技创新强国培养造就大批德才兼备、知行合一的"未来工程师"。

**关键词：** 工程伦理；课程思政；价值；困境；路径

当今世界正在经历百年未有之大变局，新一轮科技革命和产业变革深入发展，以人工智能、第五代移动通信技术为代表的第四次科技革命浪潮已席卷全球，各种新技术、新手段方兴未艾、日新月异。与此同时，我国工程技术也得以快速发展，取得了令人瞩目的成绩，然而工程技术在提升人类生活质量的同时，也带来了安全风险、环境风险以及部分群体利益冲突、受损风险等一系列现实问题，工程实践涉及的伦理问题和利益关系空前复杂，工程伦理教育面临的新状况、新问题层出不穷。2020年5月，教育部印发《高等学校课程思政建设指导纲要》（以下简称《纲要》），明确指出："专业课程是课程思政建设的基本载体。要深入梳理专业课教学内容，结合不同课程特点、思维方法和价值理念，深入挖掘课程思政元素，有机融入课程教学，达到润物无声的育人效果。"此外，《纲要》还着重强调了要加强对工学类专业学生的工程伦理教育，为我国进一步深化工程伦理教育提出了新的思路——在课程思政教学中融入工程伦理教育。工程伦理与思想政治教育在教学内容、教学目标、教学理念以及立场观点等方面具有内在契合性和高度统一性。工程伦理教育作为应用伦理学的分支，一直是哲学领域的研究热点之一，是多学科交叉融合发展而形成的产物，涉及道德教育、伦理教育、人文素养、专业知识等众多方面，其价值功能在于从伦理道德的角度出发解决工程实践活动中的具体问题，使人类对工程活动的需要得以更好地满足。同时，它也体现着我国高等工程教育逐渐从关注工具理性转向价值理想，从关注技术价值转向道德价值，回归到"人"本身。从某种意义而言，工程伦理教育天然就是思想政治教育的延伸，其最终价值指向是培养学生的工程伦理意识和社会责任感，使其掌握工程伦理规范，进一步激发学生科技报国、科技强国的家国情怀和使命担当。这与思想政治教育为社会主义现代化建设培养一批又一批具有强烈的政治意识、浓厚的家国观念、崇高的道德品质、过硬本领的社会主义接班人的终极目标不谋而合。新工科背景下如何以课程思政为载体推动工程伦理教育改革，如何在工程类课程思政教学中将思想政治要素融入其中，如何实现课程思政元素与工程伦理教育、知识传授与价值塑造的有机融合，培养大批德学兼修、德才兼备的卓越工程师，为实现高水平科技自立自强、建设科技强国提供人才支撑，这是当前我国工程伦理课程思政教学亟待解决的问题。

# 一、工程伦理课程思政教学改革的价值意蕴

### 1. 着力提升学生综合素养

培养什么人，是我国高等教育的首要问题。德智体美劳全面发展既是对人的素质定位的基本准则，也是教育的终极目标。综合素质，主要是指学生应具备的人格、素养、知识、能力、社会责任感等适应终身发展和社会发展需要的必备品格和关键能力。工程素养是工科类学生应当具备的一项核心素养，工程伦理是其基本内容之一，工程素养提升是促使工程人才实现自我发展的内在动力。长期以来，我国高等教育注重知识传授和能力培养，而轻视德育传导。开展工程伦理课程思政，把思想政治工作贯穿于工程伦理教学的全过程，实现全程育人、全方位育人，加强对学生基础性、整体性、广博性综合素养的教育，充分发挥工程伦理课程思政显性育人功能，做到知识传授与价值引领同向同行，积极引导学生主动探究与工程伦理相关的重大理论与现实问题，增强社会责任意识，形成健全人格，进一步提升自身的综合素质，实现德智体美劳全面发展。

### 2. 贯彻落实立德树人根本任务

习近平总书记在学校思想政治理论课教师座谈会上强调："思想政治理论课是落实立德树人根本任务的关键课程。"课程思政是落实立德树人根本任务的重要举措，是高校人才培养模式的重大创新。工程伦理旨在提高工科学生的伦理意识和思辨能力，培养学生责任意识与担当意识。推进工程伦理课程思政教学，以立德为根本、以树人为核心，把提升学生思想道德、政治素养、文化素养、专业素养融为一体，推进工程伦理与课程思政同向同频，构建新型课程思政教学体系对于全面贯彻落实立德树人根本任务具有重要意义。

### 3. 为新时代社会发展培养更多人才

当今世界正处在大发展大变革大调整时期，世界多极化、经济全球化深入发展，国际竞争愈演愈烈，人才已经成为综合国力竞争的重要因素。当前乃至今后相当长的一段时期内，我国比历史上任何一个时期都渴望人才、需要人才。习近平总书记在 2021 年中央人才工作会议讲话中指出："做好人才工作必须坚持正确政治方向，不断加强和改进知识分子工作，鼓励人才深怀爱国之心、砥砺报国之志，主动担负起时代赋予的使命责任。"总书记关于人才工作的重要讲话视野宏大、内涵丰富，为新时期人才培养工作指明了前进方向。新时代、新形势对工程类人才培养提出了新的更高的要求，这也在一定程度上促使我国工程人才培养模式必须从高校教育的改革入手，全面推进工程伦理课程思政教学，推动思政

教育和专业教育、科学教育与人文教育有机融合，积极引导工科学生树立正确的工程伦理意识、恪守伦理准则，为新时代经济社会发展培养更多有理想、有担当、有本领、有情怀的工程人才。

## 二、工程伦理课程思政教学的现实困境

### 1. 复合型教师匮乏，师资队伍薄弱

与国外工程伦理教育相比，我国工程伦理教育起步较晚，尚处于探索阶段，师资力量薄弱是制约我国工程伦理课程思政教学高质量发展的重要因素。工程伦理作为一门多学科交叉融合形成的学科，对教师的专业知识、技能以及道德素养提出了新要求。工程伦理课程思政教学不仅要求本课程教师要具备基本理论知识与实践技能，更要善于挖掘本课程所蕴藏的德育元素，掌握思政教学活动的技巧，并在课程教学与实践活动中将工程专业知识与思政元素有机融合，从而实现课程思政的隐性教育功能。长期以来，文理分科与学科界限的壁垒，使得工科专业课教师专业知识扎实，但思想政治理论知识匮乏；思政课教师的思想政治理论知识扎实，但不了解工程实践活动，难以把握工程伦理教育的思维深度。单一学科背景教师讲授工程伦理课是当前高校工程伦理教学活动中最为常见的教学模式，绝大多数高校工程伦理课程主要由工科专业课教师开设，思政教学活动则主要由思政教师开展，知识育人与思想育人"两张皮"的问题尤为突出。目前我国高校从事工程伦理课程思政教学活动的专职教师和研究人员可谓凤毛麟角，工程伦理课程思政教学队伍急需既精通相关工程专业知识，又具备较高思想政治理论素养的"复合型"人才。

### 2. 学生参与度不高，教学效果差

近年来，随着高校工程伦理课程思政教学的逐步推进，学生学习工程伦理课程的积极性和主动性有了较大的提高，但受教师师资水平有限、教学内容枯燥无味、教学方式单一、学生功利心态等主客观因素的影响，工程伦理课程教学中学生"上座率""抬头率"普遍不高，效果低迷等现象仍然较为突出，影响了学生学习的参与度与获得感，也严重影响了工程伦理教学实效。如何提升工程伦理课程思政教学的参与度？如何激发学生学习兴趣？如何提高学生的积极性和主动性？这些已成为教育部门、学校、教师面临的共同问题。如何解决这些问题以及这些问题解决的成效如何，在一定程度上直接影响着工程伦理课程教学的实际效果。

### 3. 教学模式单一，缺乏创新

当前绝大部分高校的工程伦理课程思政教学都是以课堂讲授为主的单一教学模式，教师教学手段单一，教师一味讲授、学生被动接受，课堂枯燥无味，学生学习的积极性与主动性不高等众多因素，使得工程伦理课程思政教学效果不尽如人意，未能充分彰显其启智润心、思想育人的功效。随着经济社会的快速发展、科学技术的进一步提高、学生思维越发活跃，单一化的教学模式严重地影响着、制约着高校工程伦理课程思政教学的改革与发展。

# 三、工程伦理课程思政教学改革的路径选择

## 1. 教师主导：加强队伍建设，提升综合素养

教学活动是教师与学生双向互动、反馈的过程，教师在教学活动中起着主导性作用，开展工程伦理课程思政教学离不开一支素质过硬、专业知识扎实、业务能力精湛的师资队伍，从某种意义上而言，工程伦理教师队伍的教学能力和综合素养直接影响着工程伦理课程思政教学的实际成效。一方面，高校教师要潜心钻研、严谨笃学、终身学习，夯实理论功底，做到以学问教人；明确自身的使命感和责任感，躬身自省，加强个人修为，厚植家国情怀、强化责任担当意识，坚持以德立身，做到以德育人，做好铸魂育人工作，当好学生思想成长的引路人。另一方面，在选用上，严把"政治关"，选聘一批政治强、情怀深、思维新、视野广、自律严、人格正的工程伦理教师队伍。在培养上，通过开展师资培训、定期召开工程伦理课程教学研讨会、搭建学术交流平台、组织教学团队、集体备课、开展专题学习与培训等举措加强师资队伍建设，全面提升工程伦理教师队伍的综合素质，为工程伦理课程思政教学培养造就一批既有科学知识，又兼具人文素养的"双师"型教师。当前，西安交通大学积极探索工程伦理课程思政教学改革，坚持"育人者，先育己、修己也"，开展院士、名师领衔的工程伦理课程思政教学专题活动，通过举办集中研讨提问题、集中备课提质量、集中培训、校级示范课程、研讨会等教学活动，不断提高工科教师、思政教师的思想道德修为和教学能力。2021年西安交通大学"工程伦理"课程被评为陕西省研究生教育课程思政示范课程，教学团队被评为陕西省研究生教育课程思政教学团队。

## 2. 学生主体：遵循规律，因材施教

推进工程伦理课程思政教学不仅要充分发挥教师的主导作用，更要尊重学生的主体地位，遵循学生成长规律、思想政治工作规律以及教书育人规律，充分发挥学生的主观能动性，提升学生的积极性和主动性，让学生积极参与到工程伦理课程思政教学中，完善人才培养体系，构建全员全过程全方位育人格局。一方面，要充分尊重学生。在工程伦理课程教学中树立学生主体意识，以学生为中心，以学生的发展为本，尊重学生的独立人格和独特品质，立足工程伦理课程思政教学的现实情况，引导学生积极主动探究社会实践活动中与工程伦理相关的重大理论与现实问题，培养学生自主学习、自主探究、自主实践的能力，从而提高学生的综合素质。另一方面，要坚持因材施教。学科的差异、学习生活环境的差异以及个人认知水平的差异等众多因素在一定程度上会使得不同的学生群体在工程伦理课程思政教学中呈现出差异化。因此，在工程伦理课程思政教学中要坚持"因材施教"和"因需施教"，坚持"普遍性"与"特殊性"相结合的原则，以学生需求为出发点，遵循学生成长成才的规律，秉持"个性化"和"差异化"教育理念，坚持因人而异、因势而新的方式方法，做到立足学段、分层分类、精准教学，在实际教学中及时调整教学方案、教学内容，针对不同专业的学生量身定制不同的教学方案，以满足不同学生群体的发展需求，激发学生学习兴趣，让学生积极主动参与到教学中，进一步增强工程伦理课程思政教学的实效性。近年来，西安交通大学电气学院积极推进工程伦理课程改革，坚持"立德树人"的教学理念，坚持"以学生为中心"的教育理念，采取角色扮演、自主研讨、特色观影、热点案例、

专家讲座等丰富多样的教学形式，让学生积极地参与到工程课程思政教学中，将伦理问题具象化、理论概念生动化，以"润物无声"的方式实现知识传授与价值塑造的统一，进一步激发了学生学习内在动力。采用老师打分、同学互评等综合性、多元化的评价体系，打破以考试为主的传统考核方式，力求全面评价学生的知识掌握与能力提升程度，旨在让学生真正地掌握工程伦理知识，做到内化于心，外化于行。

### 3. 教学改革：守正创新，立破并举

改革是推动社会发展的强大动力，也是时代的主旋律。推进工程伦理课程教学改革，要以课堂教学为主，找准发力点，在教学内容、教学形式、教学方法等方面多管齐下。一方面，积极推进教学方法改革，摒弃传统课堂中填鸭法、灌输法、讲授法等为主的单一教学方法，采用启发、问答、讨论等混合式教学方法，激发学生学习的自觉性、主动性，让学生从被动灌输到主动参与；积极开展产学合作，使学生在课外实践中学习领悟并践行工程伦理准则，增强工程伦理教学的实践性，把工程伦理这门课讲生动、讲形象、讲精彩。另一方面，创新教学内容与形式。当今时代科学技术日新月异为工程伦理课程思政教学改革提供了新方式、新手段。工程伦理教师要紧跟时代的发展和变化，采取学生易于接受的形式，依托先进技术设备，积极探索工程伦理课程思政教学的新形式，如：开设 VR 思政课、打造微课堂等，让新技术赋能工程伦理课程思政教学，进一步增强工程伦理课程思政教学的吸引力。工程伦理课程与科技创新相结合是大势所趋，西安交通大学将高科技引入工程伦理课堂，利用 MOOC、翻转课堂、雨课堂、思源学习空间等平台积极开展情境式教育和实践教育，着力营造出沉浸式、体验式和互动式的学习环境，打破传统的灌输式教学模式，让理论"活"起来，让课堂"炫"起来，进一步增强了工程伦理课程的时代感和吸引力。

## 参 考 文 献

[1] 李新喜, 杨晓青, 曹栋清. 新工科背景下工程伦理课程教学模式探索[J]. 吉林工程技术师范学院学报, 2022, 38(1): 48-50.

[2] 庞丹, 唐丽, 庞佳, 等. 工程伦理融入思政课教学改革初探[J]. 辽宁经济职业技术学院、辽宁经济管理干部学院学报, 2022(3): 96-98.

[3] 王秋辉, 李诚. 高等工程伦理教育与思想政治教育的耦合关系探析[J]. 湖北开放职业学院学报, 2021, 34(24): 141-142.

[4] 李高扬. 工程伦理教学困境及改革思路探索[J]. 学理论, 2017(3): 207-208.

[5] 新华社. 习近平出席中央人才工作会议并发表重要讲话[EB/OL]. (2021-09-28) [2022-09-16]. http://www.gov.cn/xinwen/2021-09/28/content_5639868.htm.

[6] 教育部. 关于印发《高等学校课程思政建设指导纲要》的通知[EB/OL]. (2020-05-28) [2022-09-16]. http://www.gov.cn/zhengce/zhengceku/2020-06/06/content_5517606.htm.

[7] 新华社. 习近平主持召开学校思想政治理论课教师座谈会[EB/OL]. (2019-03-18) [2022-09-16]. http://www.gov.cn/xinwen/2019-03/18/content_5374831.htm.

**作者简介：**

何欣（1998— ），女，西安交通大学马克思主义学院硕士三年级研究生，研究方向：国外马克思主义。

# 基于批判性思维的工程伦理因素融入专业课程思政的探索<sup>①</sup>

# 基于批判性思维的工程伦理因素融入专业课程思政的探索[①]

赵鑫鑫，杨　珏，郑莉芳

（北京科技大学机械工程学院，北京　100083）

**摘　要：** 为提高学生处理本专业工程实践中伦理挑战的能力，通过专业课程中融入工程伦理观念的方式开展专业课程建设工程。结合专业知识与融入式课程思政教学方式，挖掘专业领域工程伦理中的思政元素，通过批判性思维的严谨逻辑推理过程实现价值引领，探索专业知识与工程伦理意识的关系，通过问题牵引的方式对学生工程伦理意识与敏感度进行培养，通过润物无声的方式对学生的工程伦理价值观念进行塑造。

**关键词：** 车辆工程；工程伦理；课程思政；批判性思维

## 一、引　言

2018 年 9 月 17 日，教育部、工业和信息化部、中国工程院发布《关于加快建设发展新工科实施卓越工程师教育培养计划 2.0 的意见》（以下简称《意见》），新工科建设需要以科学技术创新与工程教育改革为抓手，为社会和环境的可持续发展提供技术支撑。2020 年 5 月，教育部印发《高等学校课程思政建设指导纲要》的通知，对高校课程思政的建设作出明确指示，要将课程思政融入课堂教学的各个环节。对于工程类专业课程，要注重强化学生的工程伦理教育，培养学生精益求精的大国工匠精神，激发学生科技报国的家国情怀和使命担当[1]，意味着我国的高等教育从单纯的知识传授向知识传授+价值引领的方向转变。

西方国家从 20 世纪 60 年代开始关注工程伦理问题，一些学者认为工程伦理的教育目标是"教会学生作出合理的决策"。戴维斯（Davis）从四个方面概括工程伦理教育的目标：提高道德敏感性、增进对职业行为标准的了解、提升伦理判断力、增强伦理意志力[2]。国内工程伦理教育起步较晚，2007 年开始每两年召开一次的工程伦理学学术会议推动了我国工程伦理教育的快速发展。工程伦理教育作为一种价值引领教育，与课程思政的思想育人一致，本质上都是对学生的价值观进行培养。但是，由于我国工程伦理教育起步较晚，发展过程中存在诸多问题，如何在课程思政建设的背景下开展工程伦理教育，将知识传授与价值引领协调统一是进一步需要研究与探索的内容。

① 资助项目：北京科技大学 2021 年度教育教学改革项目（JG2019Z01）；北京科技大学研究生教育教学改革项目"面向复杂工程问题的研究生批判性思维培养"；北京科技大学教育教学改革项目；北京高等教育"本科教学改革创新项目"（202110008002）；北京科技大学第三批课程思政特色示范课程（KC2021SZ41）。

此外，不同专业的工程伦理教育的立足点并不相同，需要结合专业特点，将课程中的知识与工程伦理教育建立联系，深入挖掘教育过程中的工程伦理元素，厘清工程伦理知识与专业知识的关系。以车辆工程专业为例，可以结合能源和资源消耗、环境污染、安全事故等社会问题，突出工程师社会责任、职业道德等思想教育元素，将专业知识运用在社会背景之下，把绿色环保、节能降耗、安全意识、可持续发展等观念融入专业知识传授，基于课程思政教学模式开展融入式专业课工程伦理教育的教育实践。

## 二、专业课程开展工程伦理教育的要素挖掘

专业课程中开展工程伦理教育是促进我国高等工程教育质量的有力措施。2016年起我国成为《华盛顿协议》的第18个成员国，意味着对我国工程创新人才培养提出了新的要求。在开展工程教育人才培训过程中，有必要遵循国际化标准，并开拓具有中国特色的创新型人才培养模式。不仅需要积极开展工程伦理相关课程，也需要通过专业课程中融入工程伦理内容，以提高工程伦理教育与专业的契合度。

在新工科背景下，结合国际化工程伦理教育的相关核心知识，主要涉及工程人员对环境威胁的敏感度，对环境法律准则的掌握，以及对公众福祉与社会大众安全的维护。工程师在面临生产实际问题时应保持上述三方面的思维模式，以面对并解决道德困境。此外，深入挖掘工程伦理中立德树人的内容，积极融入具有中国特色的生态文明思想，体现工程伦理与思政教育相辅相成的作用，以实现专业课程教学过程中的价值引领。

工程伦理的教学过程是对学生观念的塑造过程，在专业课程中可筛选与专业课程内容紧密相关的工程伦理观念，将其作为课程教学设计的关键点，缺乏专业课程内容学习将产生不合理的工程伦理判断与观念。结合工程伦理的核心知识，从生态环境八大威胁与两大可持续发展威胁展开，树立保护环境和生态安全的意识，以照顾人们福祉为目标，将其融入工程伦理教育元素，从专业课教师擅长的知识领域进行挖掘，将工程伦理教育目标融入专业知识教学，杜绝将工程伦理的核心观点与教学内容生搬硬套产生"两层皮"的现象。注重技术的社会与价值维度，培养学生对技术的审辩性态度。工程伦理的内容较为丰富，可以从专业领域内局限性与错误、职业生涯、机密性、利益冲突、环境问题、设计伦理、诚信、忠诚、组织交流、社会与政治问题、产品责任、公共服务和安全与健康的角度出发[3]，探索车辆工程专业课程中相关内容，从车辆相关专业知识与人、专业知识与人类社会的相互作用挖掘工程伦理教育元素。聚焦车辆工程专业的工程师承担实现道德理想目标的责任，使工程师负责任地使用专业知识。

## 三、基于批判性思维的工程伦理教学设计实践

专业课程开展工程伦理教育是一种关于思维方式的培养，思维方式中的批判性思维是一种基于理性严谨的逻辑推理过程。因此在开展工程伦理教育过程中，充分发挥批判性思维的逻辑推理过程，可用于专业课程中工程伦理思维的培养。由于学生进入职业生涯后是工程实践问题的解决者，伦理问题将是他们经常面临的一类问题，在专业课程讲授过程中，要注重工程伦理案例的导入，引导学生端正对工程伦理相关问题的态度。

　　课程讲授过程中，深入挖掘专业知识与工程伦理等观念的纽带，并通过设置关于知识与工程实践产生的伦理问题，引导学生分析挖掘对提出问题的判断，通过批判性思维的严谨逻辑推理对问题进行分析，关注推理过程中学生的思维观念的转变过程，以实现融入的工程伦理观念对学生产生影响。利用 JCIC（judgment\concept\inference\concept）教学模式框架[4]，将挖掘的工程伦理与专业知识相关联的问题作为引入，通过互动式教学等方式了解学生对于当前问题的判断，并分析学生提出判断的依据，开展专业知识传授。知识讲授完成后，总结课程知识内容，利用知识进行推理，并通过再次提问使学生利用专业知识进行再次推理，对比学习专业知识后学生的判断及观念，利用批判性思维的逻辑过程将工程伦理的观念融入课程内容当中，通过润物无声的方式传递工程伦理的价值观念与态度，帮助学生建立工程伦理思维的意识（表 1）。

表 1　融入式工程伦理教学的批判性思维过程

| 教学内容 | | 挖掘专业知识与社会互动过程中产生的工程伦理问题 |
|---|---|---|
| 工程伦理维度 | | 局限性与错误、职业生涯、机密性、利益冲突、环境问题、设计伦理、诚信、忠诚、组织交流、社会与政治问题、产品责任、公共服务、安全与健康 |
| JCIC 教学模式 | J（判断） | 收集判断、展示判断 |
| | C（观念） | 筛选并呈现学生为提出判断提供的理由<br>引导学生思考这些理由背后隐藏的未表达前提 |
| | I（推理） | 推理的前提：基础知识的学习<br>请学生用新的知识继续对问题作出新的判断并提供理由<br>审视新的判断背后的观念 |
| | C（观念） | 总结课程知识内容和利用知识进行推理的过程<br>对比学习知识前后两次判断及其理由与观念<br>对比两次判断背后的工程伦理观念 |

# 四、结　　语

　　专业课程中的工程伦理观念引导与课程的思政建设价值引领相似，本质上都是对学生价值观念的培养，需要结合专业特点，加强本科生与工程硕士的工程伦理教学，培养学生的工程伦理意识。通过融入式教学方式，遵循逻辑推理严密的批判性思维方式，有效推动工程伦理与专业知识及技术的结合，使价值引领与专业教育同向同行，对于提升学生的伦理敏感性和伦理判断能力具有重要的作用，并通过设计教学效果评价环节，对学生工程伦理判断能力进行评价。本文使用的 JCIC 教学模式注重学生工程伦理意识的判断与观念，为专业课程的工程伦理课程思政实施方式提出了具体的思路与解决方法。但是，在课程评价方面还需要进一步丰富工程伦理观念判断的教学案例，不断优化教学方法以开展更深入的探索与实践。

# 参 考 文 献

[1]　公衍生, 周炜. 课程思政背景下工程伦理教育的教学实践探索[J]. 黑龙江教师发展学院学报, 2022, 41(7): 42-44.

[2]　DAVIS M. Introduction to a symposium: integrating ethics into engineering and science courses [J]. Science & engineering ethics, 2005(11): 631-634.

[3]　哈里斯, 普里查德, 雷宾斯, 等. 工程伦理概念与案例[M]. 5 版. 丛杭青, 沈琪, 魏丽娜, 等译. 杭州: 浙江大学出版社, 2018.

[4]　田洪鋆. 批判性思维视域下课程思政的教与学[M]. 北京: 法律出版社, 2021.

## 作者简介：

赵鑫鑫（1987—　），女，博士，副教授，研究方向：电传动系统优化控制。

郑莉芳（1978—　），女，教授，研究方向：先进机-电-液系统、辐照环境下的材料损伤、机器人技术及其应用。

杨珏（1975—　），男，教授，研究方向：矿用装备智能化设计与集群管理。

# 新工科背景下研究生"材料与化工伦理"课程思政建设与探索①

乔　宁，石淑先，马贵平

（北京化工大学材料科学与工程学院，北京　100029）

**摘　要：** 工程伦理教育旨在培养职业工程师的道德素质与价值观念，已成为"新工科"人才培养的重要组成部分。以材料与化工专业硕士研究生的"材料与化工伦理"课程为研究目标，从其课程思政建设目标、思政元素的凝练与融入方式、线上线下混合式教学模式、翻转课堂和过程考核评价机制等方面开展了实践探索，确定了结合专业特色工程案例中课程思政元素的融入方式和实现途径，以期实现课程与思政教育同向同行的成效。

**关键词：** 新工科；课程思政；材料与化工；工程伦理

## 一、引　言

2017 年 2 月以来，教育部通过"复旦共识""天大行动"和"北京指南"等多次战略研讨，提出了新工科建设指导意见，明确了未来新兴产业和新经济需要工程实践能力强、创新能力强、具备国际竞争力，又具有家国情怀、法治意识、生态意识和工程伦理意识的高素质复合型"新工科"人才[1]。

2020 年 9 月，教育部印发的《专业学位研究生教育发展方案（2020—2025）》指出：专业学位研究生教育必须围绕"立德树人、服务需求、提高质量、追求卓越"的工作主线，培养具有较强专业能力和职业素养、能够创造性地从事实际工作的高层次应用型专门人才。可见，研究生教育作为当前我国教育体系的最高层次，积极推进"新工科"建设，加快硕士研究生教育从以学术型为主向以应用型为主转变，是构建具有中国特色的高层次应用型专门人才培养体系的重要保障[2]。

工程伦理教育着眼于工程实践中道德价值和决策判断的研究，旨在培养职业工程师的道德素质与价值观念，能对工程技术发展风险作出准确的判断与决策，培养其工程创新能力和适应变化能力，是新工科人才培养的重要组成部分。尽管工程伦理教育在我国起步较晚，但其重要性已经获得了广泛共识。2018 年，工程伦理课程正式被国务院学位委员会纳入工程专业研究生的必修课范围（国务院学位办〔2018〕14 号）。

工程伦理课程兼具科技与人文特点，一方面强调培养工程师的伦理意识和伦理决策能

① 资助项目：北京化工大学 2020 年研究生课程思政建设项目（G-SZ-PT202001）；北京化工大学 2021 年研究生教育教学改革项目（G-JG-PTKC202103）；北京化工大学 2022 年研究生教材建设项目（G-JC202202）。

力，对于提升工程类研究生的科学素养和道德境界具有重要作用；另一方面则从人文关怀出发，为专业研究生建立正确的工程价值观保驾护航，具有明确的价值导向。教育部印发的《高等学校课程思政建设指导纲要》通知中明确指出：工程类专业课程，要注重强化学生工程伦理教育，培养学生精益求精的大国工匠精神，激发学生科技报国的家国情怀和使命担当。

由此可见，蕴含丰富思政元素的工程伦理课程，具有开展课程思政的独特优势。已有相关工科院校开展相关研究，如天津大学、深圳大学等从教学团队、课程体系、教学方法着手构建了课程思政教学模式[3-6]。然而，结合专业特色，深入挖掘课程思政元素，将思政教育与专业内容有机结合，润物无声地对学生进行价值引领，仍是值得探索的课题。

本文以北京化工大学材料科学与工程学院 2018 年起开设的材料与化工专业硕士研究生必修课程"材料与化工伦理"为例，结合专业特色和实际课程实践，探讨了基于教学目标、教学内容、教学模式的课程思政建设。

## 二、"材料与化工伦理"课程思政的总体设计

### 1. "材料与化工伦理"课程思政教学目标

北京化工大学是新中国为"培养尖端科学发展所需的高级化工技术人才"而创建的高水平大学。材料与化工专业的研究方向涵盖了材料设计、制备、加工及应用的各个方面，以实际应用和职业需求为导向，以职业素养和应用知识能力的提高为核心，培养兼具专业能力、职业道德和伦理素养的材料与化工专业人才。

在开设工程类专业硕士研究生"工程伦理"必修课程的 4 年间，教学团队依据材料与化工专业特色，以《工程伦理》(清华大学出版社 2019 年版)[7]为基础，收集整理了材料与化工生产中的实际工程案例，建设了符合专业特色，课程内容定位于材料与化工中的责任伦理、利益伦理、环境伦理、工程师职业伦理、化学类实验室安全伦理、科研伦理六方面的"材料与化工伦理"课程[8]，挖掘案例中的思政元素，从教学目标、教学模式等入手，逐步形成了特色鲜明的校级研究生"课程思政"示范课程。

"材料与化工伦理"课程思政教学目标为：充分考虑工科学生"大工程"观念和职业道德要求，有机结合社会主义核心价值观，提高学生工程伦理意识，树立正确工程价值观；提高学生工程实践伦理决策能力，正确理解未来工程活动中内在要素及利益相关者的相互关系，培养真正具有"伦理道德意识"的现代工程师。

### 2. "材料与化工伦理"课程思政建设方向与重点

当前"谈化色变""化工妖魔化"的现象，突出反映了材料与化工行业存在的安全、环保等影响民生的关键工程伦理问题。材料与化工专业硕士研究生作为未来化工和材料领域的应用技术人才，必须树立正确的工程职业价值观，具备伦理问题的辨识能力和面对伦理问题的决策能力，承担起工程师责任，面对伦理困境时，能够依据自身伦理意识，作出正确的判断和选择。这样才能从根本上扭转人们对化工的错误认知，实现未来绿色化工、美丽化工的愿景。

# 三、"材料与化工伦理"课程思政的融入与实现

## 1. 思政元素的融入

根据"材料与化工伦理"的课程思政教学目标要求，聚焦材料与化工专业实际案例进行选择，提炼其中的思政元素，将其与课程内容有机融合，保证研究生能够深刻领会工程师所应具备的职业道德，激发其社会责任感，培养其求真务实、勇于创新等精神。

结合教学内容的具体思政要素切入点和育人目标如表 1 所示。

表 1　材料与化工伦理课程思政要素切入点与育人目标

| 教学内容 | 思政要素切入点 | 育人目标 |
| --- | --- | --- |
| 责任伦理 | 讨论典型安全事故——河北盛华化工有限公司重大爆燃事件，分析其中蕴含的伦理问题，强调化工安全生产的重要性 | 工程师不仅需要具备专业的知识和技能，更要具备伦理意识，实现安全风险自辨自控，隐患自查自治，提升安全生产整体预控能力 |
| 利益伦理 | 以一闹就停的各地 PX 项目为例，讨论分析主要利益主体之间利益分配中的伦理问题 | 学习化解邻避效应的方法，保证工程利益分配公平公正，进而引导学生建立正确的工程价值观 |
| 环境伦理与可持续发展 | 以吉化双苯厂爆炸事故污染松花江和钢铁的清洁生产工艺为例，分析环境可持续发展的重要性。引入习近平总书记"绿水青山就是金山银山"的环境理念 | 培养材料与化工专业硕士研究生绿色化工的环境价值观，寻求坚持人与自然和谐共生的化学工业"双赢"途径 |
| 工程师职业伦理 | 介绍侯氏制碱法的发明人、大国工匠"侯德榜"先生打破国外垄断，生产"红三角"纯碱的事迹 | 化工工程师的职业素养与人生追求 |
| 实验室安全伦理 | 介绍世界知名的化学品公司杜邦公司的安全文化，讨论分析风险管理在实验室安全中的作用 | 培养学生自觉履行实验室安全管理制度，建立"以人为本"的安全价值观 |
| 科研伦理 | 从黄禹锡和小保方晴子的科研不端案例出发，讨论分析科研诚信的概念、重要性和必要性 | 学习科研伦理与诚信，培养研究生自觉遵守科研诚信规范 |

## 2. 课程思政的实现途径

研究生不同于本科阶段，其学习方式依赖自主学习，强调研究性学习。因此，对研究生进行课程思政必须要依托丰富多元、调动学生积极性的教学和考核方法来实现。

1）线上线下混合式教学模式

材料与化工伦理是实践性伦理，不能一味采用传统讲授式教学方式。本课程探索了"知识内容线上学、实践内容线下学"的混合式教学方法。

线上：研究生可通过慕课（"材料与化工伦理"慕课于 2021 年 4 月在"学堂在线"网站上线）学习工程与伦理、责任伦理、利益伦理、职业伦理、环境伦理、实验室安全伦理、科研伦理等理论知识。

　　线下：采用小班教学（每班＜40 人）模式，开展"重返危机现场"、观点辩论、情景剧表演等翻转课堂模式，通过教师的引导、陪伴和激励，研究生开展行动、体验和挑战，深刻体会材料与化工领域活动中存在的伦理问题，时刻把公众的安全、健康和福祉放在首位。进而培养和激发学生的家国情怀和科技报国信念。

　　2）翻转课堂

　　线下课堂几乎全部采用"翻转课堂"教学模式。教师在课前布置分组任务，课中通过分组讨论、辩论和情景剧等不同方式展示案例，对研究生进行伦理教育。例如对于两难伦理困境的案例，宜采用分组辩论的形式，各自选择支持方展开讨论，从而加深认知；对于存在多个利益攸关方的案例，宜采用情景剧模式[9]，由研究生扮演利益攸关的企业负责人、工程师、民众、政府管理部门等不同的社会角色，同时角色可以进行轮换，将自己置于不同的利益角度，体会公平公正对于利益伦理的重要性，从而在价值冲突中进行最为合理的伦理抉择。最为重要的是，在课程结束前教师一定要进行总结点评，归纳梳理所涉及的工程伦理意识、伦理决策等，同时潜移默化地进行家国情怀、社会使命、职业道德教育，实现课程思政。

　　3）课程考核评价方式

　　"材料与化工伦理"课程目的在于培养研究生的工程伦理意识和责任感、掌握工程伦理的基本规范、提高工程伦理的决策能力，因此不采用常规考试模式，而是构建了能力、知识并重的多级过程考核机制。

　　考核形式包括情景剧表演（20%）、分组讨论（20%）、线上作业（20%）和材料与化工实际案例分析（40%）。同时将课程思政内容纳入考核，如将"诚信考试"纳入线上作业；情景剧表演和讨论进行小组互评，践行公平公正的利益伦理原则等。真正意义上实现考核过程全程化、内容综合化、形式多样化和评价主体多元化。

# 四、结　　语

　　新工科背景下，工程伦理教育对于培养高素质综合性工程人才具有重要的意义。本文以材料与化工专业硕士研究生的必修课"材料与化工伦理"为研究对象，通过课程思政目标、建设方向和重点的总体设计，对如何挖掘具有专业特色的思政元素，如何将课程思政融入教学内容进行了探索。采用线上线下混合式教学模式，通过线上慕课学习理论知识，线下分组讨论、辩论和情景剧表演等翻转课堂模式提升了研究生的学习兴趣，提高了课程思政的教学效果。构建了多级过程考核机制等方法，实时掌握研究生学习情况，关注其对课程思政的认可度。通过"材料与化工伦理"与"课程思政"教育协同作用，同向同行，激发研究生科技报国的家国情怀和使命担当，提升其知识创新和实践创新能力。

# 参 考 文 献

[1]　韩鹏. 对新工科教育理念的思考[J]. 黑龙江高教研究, 2018(8): 58-60.

[2]　戚建, 黄燕. 新工科背景下高校研究生工程伦理教育的优化[J]. 学校党建与思想教育, 2022(4): 57-59.

[3]　贾璐萌. "工程伦理"课程思政教学模式构建研究——以天津大学为例[J]. 天津市教科院学报, 2022, 34(3): 43-46.

[4] 程蓉, 娄燕, 王馨. 思政背景下研究生"工程伦理"课程教学实践与探索[J]. 湖北经济学院学报(人文社会科学版), 2022, 19(4): 142-143.

[5] 公衍生, 周炜. 课程思政背景下工程伦理教育的教学实践探索[J]. 黑龙江教师发展学院学报, 2022, 41(7): 42-44.

[6] 李宏卿, 王郁涵, 曾昭发. "工程伦理"课程思政探索与实践[J]. 黑龙江教育(高教研究与评估), 2021(3): 80-82.

[7] 李正风, 丛杭青, 王前. 工程伦理[M]. 2 版. 北京: 清华大学出版社, 2019.

[8] 石淑先, 马贵平, 王乔, 等. 工程伦理课程教学改革探索[J]. 化工高等教育, 2020, 37(4): 89-92.

[9] 石淑先, 乔宁, 马贵平, 等. 情景剧表演在工程伦理课程教学中的探索及实践[J]. 高教学刊, 2022, 8(13): 118-121.

## 作者简介：

乔宁（1975—　），女，博士，副教授，从事工业水处理与能源材料研究。

石淑先（1971—　），女，博士，副教授，从事生物功能材料研究。

马贵平（1978—　），男，博士，教授，从事生物功能材料研究。

# 基于情感体验式学习的"工程伦理"课程思政教学设计与实践①

何　琴¹, 李迎春²

（1. 云南大学建筑与规划学院，650504；2. 云南大学马克思主义学院，650504）

**摘　要：** "工程伦理"是工程类硕士专业的必修课程，推动该课程的思政教学，可以产生较好的示范效应。在该课程的思政教学中，要注重"知情意行"的统一及其相互关系。以情感为突破口，采用沉浸式教学，使学生在学习中产生更多的情感体验，推动实现"知行合一"。沉浸式教学包括组织学生角色扮演、开展辩论赛与社会调查、践行道德行动，以及运用能调动多种感官的影像资料、提供饱含情感元素的文字资料等方式。教学实践表明，基于情感体验式的学习有助于提升课程思政教学效果，使学生将思政内容"内化于心，外化于形"。

**关键词：** 工程伦理；课程思政；教学设计；情感体验；沉浸式教学

## 一、引　　言

20 世纪 70 年代后期，美国高校率先开设了不同形式的"工程伦理"课程[1]。在我国，西南交通大学肖平教授于 2000 年开设了"工程伦理"课程[2]，属最早开设该课程的院校之一，此后开设的高等院校逐年增多。2018 年 5 月 4 日，国务院学位委员会办公室发布《关于制定工程类硕士专业学位研究生培养方案的指导意见》，将工程伦理列入公共必修课程，凸显了这一学科在工程类人才培养中的必要性，自此工程伦理教学开启了在国内高速发展的阶段。

2020 年 5 月 28 日教育部发布《高等学校课程思政建设指导纲要》，明确提出课程思政建设是全面提高人才培养质量的重要任务。工程伦理课程本身就是一门与伦理道德相关的学科，具有天然的思政属性，做好该课程的思政教学，可以起到示范带动作用。如何教好这门新兴课程，形成好的课程思政教学模式，成为摆在任课教师面前亟待解决的问题。

## 二、课程思政基本思路：情感体验式学习

工程伦理课程完整的德育涵盖"知情意行"四个过程："知"是认知，即认识事物，它是人才培养的基础；"行"是践行，它是人才培养的最终目的；"情"起中介和"催化剂"的作用，缺少了"情"，学习往往容易停留在"知"，不能达到"意"与"行"；"意"是"行"

---

① 资助项目：2021 年度云南大学研究生课程思政示范课程建设项目（编号：XJKCSZ202102）。

的前提，是促成践行的一个必经阶段。在德育过程中不可片面强调一方，忽视其他任何一方，也不能把它们简单堆积，而必须把四个方面有效整合在一起[3]。这四个方面中"知"是比较容易实现的目标，而"行"的实现则较为困难，也是教育中的一大难点。如何让学生做到知行合一，关键就在于中间的"情"，只有"动之以情"才能"促之以意"，进而"导之以行"。因此，授课教师需要高度重视"情"的重要性，做到动之以情。形成融"知情意行"于一体的德育培养过程[4]，是解决工程伦理课程思政教学问题的重要思路。

# 三、课程思政教学设计

## 1. 课程思政教学基本理念与思路

在课程思政教学设计时应遵循以下基本理念：①秉持 OBE 教学理念，围绕要达到的课程思政目标设计教学环节、作业和考核形式；②强调情感体验式学习，激发学生内在的情感体验，促成知行合一；③避免生硬说教，要像盐溶于水，做到以身示范、润物细无声，潜移默化地影响学生。

课程思政设计时，首先根据知识点发现其中蕴含的思政元素，然后设计主题与教学手段，并依据知识单元的重要性与思政元素的具体情况确定授课时长，基本控制在 5～20 min。太短不能阐释清楚，无法达到情的感染；太长则挤占其他专业知识的学习时间，影响课程进度。

## 2. 探索思政元素与课程融合点

结合授课专业（土木水利）的人才培养要求，挖掘出以下四个思政元素：

（1）爱国、爱党情怀与四个自信。习近平总书记在 2018 年全国教育大会上强调"增强学生的中国特色社会主义道路自信、理论自信、制度自信、文化自信"[5]。特别在当下，中美关系紧张，理解中国以及认知中国在国际中的地位、面临的形势，培养学生爱国、爱党情怀与四个自信尤为必要。可以从家国情怀、文化传承、社会责任、人文关怀等方面切入，激发学生的社会责任感和使命担当。

（2）专业认同与职业自豪感。在过去的教学中发现，不少土木水利专业的学生对本专业并没有深入了解，持不认同甚至否定的态度。如果学生对自己的专业不认同，未来走入职场，很难爱岗敬业，更不可能刻苦钻研、精益求精。为此，首先需要培养学生对专业的认同感，建立职业荣誉感与自豪感，才能为职业道德和职业美德奠定坚实的基础。

（3）职业道德。工程师的职业道德包括"遵纪守法、爱岗敬业、忠于职守"，以及"谋求社会大众的安全、健康与福祉"等要求。这个部分是课程思政的核心内容，需要安排较多的篇幅和时间来教学。

（4）职业美德。课程思政不仅包括工程师最基本的道德要求，还应包括美德追求，比如精益求精的工匠精神、勇于创新的开拓精神和孜孜不倦的科研精神。

上述思政元素形成四个层级，第一层是其他三层的基础与前提。在爱国爱党的基础上培养学生的专业认同感与职业自豪感，当对专业产生了认同、对职业产生了自豪感后，学生才可能选择从事土木水利行业，并理解与内化相应的职业道德，进而追求职业美德，成长为"为社会公众谋求安全、健康和福祉"的工程师。

### 3. 思政考核方式

课程思政是教学的一大目标，不仅要让学生从思想上认识、理解如何"做人"，而且要求学生在行动上践行，实现"知行合一"。因此，课程思政的考核内容不仅包括相关知识和能力，还包括学生的行为，但行为考核相较于知识与能力的考核来说是困难的，因此科学地设计考核方式就尤为必要。

"行"可以从一点一滴的行为中去考核，比如：判断作业是否存在抄袭，抄袭按零分计算，有的高校更为严格，一旦发现抄袭即不予通过课程考核；判断作业是马虎了事，还是精益求精，从而推断其是否具备职业美德；设置一些有难度的团队任务，考核学生在团队中是否能主动承担责任、关心与帮助他人；制定某些道德行为要求，如要求同学们在日常生活中多做善事，分组完成公益活动等。

## 四、激发学生情感体验的教学方法——沉浸式教学

沉浸式教学是指教师帮助学生全身心地投入学习当中，使其达到物理沉浸和心理沉浸的状态，最终在境（物理环境）身（心理体验）合一的沉浸式学习空间中顺利完成学习任务的一种教学方式[6]。沉浸式教学有助于激发学生的情感，使其产生体验式学习。

### 1. 运用角色扮演等多种教学方法

（1）角色扮演。在案例分析时，让学生以工程师、项目经理、投资者或政府监管人员等身份分析、判断、解决工程伦理问题，使其全身心投入角色，产生较为强烈的情绪、情感体验，在脑海中形成较为深刻的记忆，促成知识的内化，为践行奠定基础。在讲授理论知识时，也可采用角色扮演法。如讲授工程安全伦理问题时，让学生分组扮演不同类型的残障人士，深刻体验无障碍设施对残障人士的重要性，加深理解工程师的安全伦理责任。

（2）辩论赛。工程伦理中有许多值得辩论的主题，无论是辩手还是观众，在紧张的辩论中，都会有更高程度的代入感，从而有助于情感体验。对辩手来说，为了在台上有出色的表现，必须投入大量的时间寻找支撑材料，需要缜密的逻辑思考和情感代入过程；对观看者来说，因为辩手是朝夕相处的同学，会产生更浓厚的兴趣，体验更强烈的情绪。

（3）社会调查。社会调查也是增强学生情感体验的极佳途径。比如在讲授工程人性化设计时，组织学生对残障人士、老人、儿童调研，通过调研能够直接感受到这些群体在工程使用中遇到的实际困难及其具体需求，反思现有工程的不足，启发思考如何体现"以人为本"的设计。

（4）道德行动。由于学生没有机会直接参与工程伦理实践，因此要求学生在日常生活中采取道德行动，在行动中得到情感体验。具体做法是要求学生每周完成一次有道德的行为，强调"勿以善小而不为"，另外要求分组完成一次公益活动。

### 2. 运用激发情感的各类教学资源

（1）能调动多种感官的教学资源。当多种感官参与学习的过程时，会更容易激发学生的情感体验，产生更好的学习效果。影像资料是极佳的教学资源，包括纪录片、电视剧、

电影、短视频、图片资料等，极具张力、富有情感表达或者灾难性的视频或图片会带来强烈的情感体验。这类资源大大拓展了传统的教学资源，提供给学生更加生动、丰富的学习内容，同时也是学生易于接受、喜欢的学习渠道。如学习工程安全伦理时，让学生观看《空中浩劫》《重返危机现场》《切尔诺贝利》等安全生产事故与质量事故的视频以及照片；在学习工程环境伦理时观看《青藏铁路》《永不妥协》《地球公民》等；在涉及工程师职业道德时观看《开尔行贿记》、电视剧《理想之城》与造价师职业道德有关的部分；在谈到职业美德时观看《大国工匠》；在讲述爱国、爱党和社会责任时，观看《功勋》《觉醒时代》等优秀电视剧。

（2）饱含情感元素的文字资料。通常教材的语言是较为客观理性的，不容易激发一个人的情绪、情感体验。要想让学生在阅读的过程中产生更多的情感体验，那么文献资料的选择是极为重要的。这类文献既应客观理性，又要饱含情感要素。如在讲授工程设计中的人性化问题时，让学生阅读《南方周末》2019 年 7 月发表的《截瘫者文军之死：一个推广无障碍出行者，死于无障碍通道被堵》，仅看这个标题，就能激发学生强烈的好奇心与怜悯心。

# 五、课程思政实践效果

2022 年秋季学期，通过对在授班级学生进行问卷调研与访谈（开展了 2 次，调研时间分别为第 1 周、第 12 周），以及对学生作业的分析，显示课程思政的教学效果主要体现在以下三个方面。

## 1. 进一步树立正确的人生观、价值观

通过视频与文字资料看到诸多政府官员、工程从业人员因贪污腐败、行贿受贿、徇私舞弊、滥用职权、玩忽职守等原因落入法网，学生内心受到很大的震动，进一步探索人性并追问人生意义，有效地促进了学生树立正确的世界观、价值观和人生观。

## 2. 增强了学生对专业的认同和职业的自豪感

通过观看工程纪录片、图片及相关文字资料，学生对工程建设有了直观了解，惊叹于工程技术的先进、工程建设者的吃苦耐劳与创新精神，深刻理解了工程在人类社会发展历程中的重要作用，以及工程建设在我国伟大复兴事业中的重要地位，增强了"四信"以及爱国热情。同时体会到工程建设者的艰辛、不易与伟大，对专业产生了认同感，树立起职业自豪感与荣誉感，激发出工程报国的家国情怀和使命担当。从学生提交的作业来看，"震撼、感动、伟大、艰辛、努力、付出、汗水、骄傲、自豪"等成为高频词汇。第 2 次调研数据显示，98.3%的学生认为本专业对社会贡献大，87.6%的学生认为自己将会从事工程建设相关职业，专业认同感较强。

## 3. 加深了对工程师伦理责任的认识

两次调研结果表明，学生对同一个问题的回答有了明显差别，充分显示学生对工程师

伦理责任的认识有了明显提高。以其中的两个问题为例，表 1 中的问题首次调研仅有 39.39%的学生选择正确选项 C，第 2 次则上升至 83.87%。

表 1　工程师伦理责任问题 1 调研结果

你认为土木工程师最应该遵循的理念是下列哪一项？（单选题）

| 选项 | 第 1 周调研结果/% | 第 12 周调研结果/% |
| --- | --- | --- |
| A. 遵纪守法，按标准规范设计 | 60.61 | 16.13 |
| B. 忠于雇主，为雇主创造最大的利益 | 0 | 0 |
| C. 为社会公众谋求安全、健康和福祉 | 39.39 | 83.87 |
| D. 忠于自己的内心，谋求个人的利益与发展 | 0 | 0 |

表 2 中的问题涉及对"负责任的工程师"的理解，首次调研仅有 51.52%的学生选择正确选项 B，第 2 次调研上升至 87.1%。

表 2　工程师伦理责任问题 2 调研结果

你是否认为土木工程师只要遵纪守法，有技术、有能力就是一名负责任的工程师？（单选题）

| 选项 | 第 1 周调研结果/% | 第 12 周调研结果/% |
| --- | --- | --- |
| A. 是 | 48.48 | 12.9 |
| B. 否 | 51.52 | 87.1 |

### 4. 情感体验转化为具体行动

（1）学生对课堂中呈现的安全事故、质量事故的图片和视频印象深刻，对灾难性的场景带来的视觉冲击难以忘怀，对事故受害人及其家属无限同情与怜悯，深刻理解了工程建设人员在安全方面肩负的重要责任，也领会了授课教师设定作业高标准的用意——唯有养成不放过任何细节的工作态度，才能真正做到防患于未然。从学生提交的作业来看，一开始不够规范、不够认真，到后面越来越规范、越来越有深度，思想认识已经开始"外化于形"。

（2）通过体验无障碍设施和对老人、儿童的调研，许多同学真切地感受到这些群体出行的不变、困难，加深了对他们的理解，在日常生活中更加关爱残障人士，为老人、儿童提供便利，并为无障碍设施及其他人性化设计提出了具体建议。

（3）通过观看工程纪录片、《大国工匠》《功勋》等视频，对工匠精神有了深刻理解，同时感动于工程建设人员与科学家精益求精、刻苦钻研、勇于创新的精神。在完成"于敏精神与躺平之我见"的作业中，许多同学都开始反思自己，并制定了详尽的研究生学习目标与行动计划。

## 六、教学总结与反思

在工程伦理课程思政三轮的教学过程中，从一开始的探索到后期的系统性设计，逐步探索出以情感体验为突破口，采用沉浸式教学手段，推动学生达到"知行合一"的教学模式，教学效果呈逐年提升趋势。

　　值得注意的是，在课程思政教学中要做到：第一，避免简单说教与牵强附会，要让思政内容与专业知识无缝对接，浑然天成，使学生在不知不觉中受到教化，否则容易引起学生抵触心理；第二，课程思政不在于时长，除了专门设计的环节，还可根据学生的课堂表现及授课内容临时发挥，最好结合授课教师的自身经历阐述，有时一两句话都会产生意想不到的作用；第三，思政教育还应当体现在行动与细节中，如严格要求作业格式、上课纪律与学术规范；第四，授课教师一定要以身示范，从自身做起，潜移默化地影响学生。

　　实践证明，"以情感为突破口、采用沉浸式教学"的课程思政教学模式能够较好地促进学生"知行合一"，但仍存在许多不足，要进一步提高教学效果，还需持续深化教学设计，不断改进教学方法。

# 参 考 文 献

[1] 顾剑, 顾祥林. 工程伦理学[M]. 上海: 同济大学出版社, 2015.

[2] 肖平, 刘丽娜. 工程硕士"工程伦理"课程教学逻辑解析[J]. 工程研究——跨学科视野中的工程, 2021, 13(4): 373.

[3] 刘小兰, 邬海明, 陈行龙.整合知情意行, 提高德育实效[J]. 南昌大学学报(人社版), 2003, 34(6): 172.

[4] 王进. 融渗式工程伦理教学中"知情意行"的统一[J]. 现代大学教育, 2011(4): 100.

[5] 习近平: 坚持中国特色社会主义教育发展道路, 培养德智体美劳全面发展的社会主义建设者和接班人[EB/OL]. (2018-09-10) [2022-11-08]. http://www.xinhuanet.com/politics/leaders/2018-09/10/c_1123408400.htm.

[6] 蔡文璞, 祝小宁. 沉浸式教学助力高校思政课改革[J]. 学校党建与思想教育, 2022(8): 57.

**作者简介：**

何琴（1978—　），女，硕士，讲师，研究方向为工程管理、施工人员心理健康管理。

李迎春（1982—　），女，硕士，讲师，研究方向为思想政治教育。

# 思政教学创新构建高效工程伦理课堂[①]

徐正红，刘　增，孙安邦，石建稳

（西安交通大学电气工程学院，西安　710049）

**摘　要：** 课程以工程职业伦理教育与学术诚信为重点，精心设计与专业相关的教学案例，充分利用智能教室和互联网等平台，创新教学模式，实现了从"以教师为中心"到"以学生为中心"、从"单向灌输"到"双向互动"，从"传授知识"到"能力培养"的课堂变革。此外，课程融入各类思政元素，鼓励学生守正创新。结课调查问卷显示，课程良好地完成了"意识—规范—能力"三位一体的工程伦理培养目标及思政培养目标。

**关键词：** 教学创新；课程思政；工程伦理

教育之本在于立德树人，我国教育的目的就是要培养社会主义的合格建设者和接班人。作为人才培养核心要素之一的伦理教育关乎学生的精神养成和品格塑造。2018 年以来，各高校将"工程伦理"纳入工程硕士专业学位必修课，以提高研究生的道德水准，提升他们的伦理素质，培养他们的社会责任感。

## 一、工程伦理课程的特点与教学安排

工程伦理课程结合了工程学、社会学、哲学与心理学等交叉学科，具有以下三个特点。

（1）针对性。不同专业领域遇到的伦理问题不尽相同，课程需要重视工程伦理基本原则与具体工程领域特点。西安交通大学根据学科特点，将工程伦理分为 5 个系列课程，教学内容有差异。例如"工程伦理五"课程是由电气学院教师开设的专业硕士必修课。课程主要围绕"如何做一个合格的电气工程师（或科技工作者）"贯穿性主题，着力培养电气工程领域工程硕士专业学位研究生的伦理意识和伦理责任感，注重其思政水平、道德修养和学术操守的提高。

（2）实效性。在加强工程伦理教学系统性的同时，课程突出案例教学，特别是本学科工程技术领域的新案例。"案例教学在呵护学生学习兴趣及学习主动性，推动其熟悉了解行业、职业等背景信息，容纳开放性讨论等方面具有明显的优势，可作为职业伦理教育的主要手段"[1]。

（3）多元性。工程伦理课程没有完全统一或所谓正确的标准答案，与以往的理工科课程不一样。课程鼓励学生多维度思考，有助于培养学生的思辨能力，避免思维的单一模式。

西安交通大学的"工程伦理五"课程一共 32 学时，2 学分，分为通论和分论两大模块。

① 资助项目：2021 年度陕西省课程思政示范课程及教学团队。

由电气学院教师负责授课，保障课程的专业特色。

（1）通论模块（12 学时），以大班授课的形式，主要介绍工程与伦理的基本概念；工程中的风险、安全与责任；工程中的价值、利益与公正；工程活动中的环境伦理及工程师的职业伦理等。

（2）分论模块（20 学时）分为研讨（12 学时）与实践（8 学时）两个环节，研讨课采用小班授课模式，每次 3 学时。课程将学生分成 10 个小班，每班 42～48 人，通过建立小班微信群来统一管理。四位授课教师每人负责一个研讨主题，在各个小班轮流授课。实践活动环节采用专家讲座、观影研讨、学术沙龙、微视频展播及评比等形式组织教学。

# 二、教学内容与教学手段的创新

## 1. 教学内容创新，突出思政元素

通论模块采用讲座制大班授课形式，主要是工程伦理基本理论的教学。教学中避免大段讲解，而采用问题或案例导入的模式。教师们在讲述的同时特别注重实践案例与时政案例的选取，案例每年更新。比如电影《我不是药神》的知识产权与生命权问题、"基因编辑婴儿诞生"的医学伦理问题、"西安地铁 3 号线电缆"的产品质量问题及"人脸识别第一案"的信息安全问题等。案例主要结合同学们的生活与科研工作，突出爱国主义、工程（或工匠）精神、工程师伦理责任与国防安全教育等思政元素。

在教学内容的安排上，课程特别在教材第 5 章"工程师的职业伦理"中增加了与学生专业和未来发展相关的"学术诚信"内容。以"陈进芯片造假案对国家的危害"为引导案例，同时以国际与国内最新发生的著名学术不端事件为案例对研究生进行教育和警示。站在学生角度分析讨论学术不端的起因、危害和避免学术不端的注意事项。这一教学内容既提升了学生对学术规范的认知，也激发了他们的爱国情怀。

分论模块重在研讨与实践，采用案例引导、分组讨论与展示、辩论、角色扮演等多种形式。研讨内容涉及新材料、智能电网、人工智能及信息安全等多个视角。实践环节也突出专业特点与时代特点，激发同学们的学习热情与爱国情怀，培养他们多项高阶能力。

## 2. 充分利用互联网实现教学手段创新

"互联网+教育"是互联网支撑下的教育组织结构的变化，互联网支撑的在线教学与传统面授教学有着本质区别，二者遵循不同的规律[2]。课程立足"互联网+教育"的教学新格局，引入如 MOOC（慕课）、"雨课堂"及校内"思源学习空间"等互联网平台，为"学生自主学习＋高效课堂"提供技术支撑。

通论部分虽然是大班授课，但采用了新型信息化教学平台"雨课堂"，实现扫码考勤、问卷调查、师生互动、课堂答题与投票等功能，将学生手机变为学习工具，双向互动，提高了课程教学效果。课程组还经常利用"雨课堂"平台、微信平台与"思源学习空间"发布学习信息、共享教学资源与各类思政资源、分享课件与课堂教学视频等，实现了"线上"与"线下"的混合式教学。此外，使用新型信息化教学平台，能随时获知学习者的反馈信息，量化各种统计数据，有助于教师及时掌握学生的学习情况，从而不断改进课程教学。

自 2019 年 9 月起，研讨式教学在西安交通大学新建的创新港智慧课堂完成。"智慧教室是一个借助物联网技术、云计算技术、大数据和智能技术等构建起来的，获取、辨析、存储和共享信息资源，人性化、智能化呈现教学活动，激发学生主动性与参与性，具有实时交互探索、情境感知、环境管理和评估功能的智慧学习环境。"[3]

利用智慧教室的软件平台，授课教师可以扫码考勤、随机分组、挑人提问、个人及小组加分等。智慧教室采用围桌形式，7～8 人为一组，教室设有 6 个讨论小组使用的多功能屏幕，小组讨论结果可以在屏幕上用白板功能书写或学生编辑 PPT 文件投屏展示。教室正面有 1～2 块多功能主屏，教师可以自由调取任意一组的屏幕内容显示在主屏及 6 块分屏，便于点评与对比不同小组的讨论结果。智慧教室的软硬件结合，有助于研讨式教学活动的高效开展。

# 三、开展多样化教学活动，提升思政教学效果

"网络时代的学生习惯于快速接受信息，擅长多任务处理模式，喜欢即时的肯定和频繁的奖励"[4]。基于智慧教室的研讨式教学模式极大调动了学生的积极性，他们小组分工进行资料查找、PPT 制作和发言提纲撰写等。课堂上，大家踊跃发言，气氛活跃。小组代表汇报的过程，教师也会现场拍摄照片发到班级微信群里；每次讨论课结束前，小组、教师与助教一起投票选出 3 个最佳小组，在多种交流互动中提升学生的成就感和学习热情。在讨论或者辩论中，同学们学会了多角度看问题，提升了自己的思辨能力；教学过程也培养了学生的组织与合作能力，提高了他们的交流与表达能力。

此外，课程在 8 学时的实践环节还设计了多种"寓教于乐，寓学于乐"的教学活动，主要有自主学习、专家讲座、观影、学术沙龙与微视频等，每学期教学一般选其中 3 个活动。

## 1. 观影活动

教师组织学生观看以工程建设污染为主题的电影《永不妥协》或电气工程学科建立之初直流电与交流电争端的电影《电流之战》，并引导同学们结合课程学过的理论知识来分析电影涉及的工程伦理问题。观影后采用小组讨论、汇报或撰写影评等方式，在培养学生交流与表达能力的同时提升他们作为未来电气工程师的社会责任感。

## 2. 自主学习与专家讲座

教师首先在学校的"思源空间"平台上布置自主学习材料；学生课下自主学习并自由组合成学习小组；小组分工合作完成与工程伦理相关问题的选题、研讨及用于展示的 PPT 文件。这一教学活动，学生需要在前期查阅大量资料、分析其中的伦理问题、制作 PPT，最终推选出代表在课堂上宣讲，其他组员随时补充；最后是教师点评与小组投票评选。学生选题多样并充分结合专业与社会现实，活动取得良好效果。

此外，课程邀请国家电网的专家为同学们做"电网工程的伦理问题"讲座。专家从电网建设的实际工程案例入手，全面分析与总结了相关的伦理问题，同时介绍了我国电网建设的新成就与其国际地位，提升了学生的民族自豪感，取得了良好的教学效果。

### 3. 微视频制作与展播

"学以致用"是从理论到实践的过程，工程伦理问题也需要"发现—分析—解决"。分论模块开始时教师及时下达任务书，要求学生7～8人一组自由组队，在7周时间内课下拍摄并制作8 min的微视频。活动包括选题、小组分工、拍摄与制作、展播评比四个环节，由助教及教师负责每周检查进度。同学们按照自己对工程伦理的理解，在校园内外寻找现实生活中涉及工程伦理的多种现象，分析其中涉及的伦理原则，并提出相应的解决方案。学生们自编、自导、自演、自拍并完成视频剪辑与制作，充分发挥他们的自主性，同时也锻炼了他们的组织能力与分工协作能力。

微视频选题众多，包括噪声污染、食堂座椅设置、电瓶车安全、实验室和宿舍安全、垃圾分类、快递信息泄露等，这些选题与同学们的学习、生活息息相关。此外，很多微视频选题涉及学术不端或电气工程专业领域，突出了工程伦理的专业特色。2019年年末新冠疫情暴发，学生微视频选题多与国内外抗疫有关，体现了工程伦理教育充分结合社会现实生活的特点，体现了同学们的社会责任感与使命感。2020秋季工程伦理1班的微视频选题分类如表1所示。

表1　微视频选题统计表（2020—2021学年第一学期1班）

| 选题类型 | 小组数 | 占比/% |
| --- | --- | --- |
| 抗疫相关选题 | 6 | 20.00 |
| 校园生活相关选题 | 14 | 46.67 |
| 学术不端及电气工程专业相关选题 | 7 | 23.33 |
| 其他 | 3 | 10.00 |

在每组微视频展播前，教师邀请每个小组成员集体登台亮相，以"电影新闻发布会"的形式来提升他们的参与感与成就感。微视频展播后，同学们投票评选班级的"最佳选题奖""最佳摄影及制作奖"及"微视频大赛最佳影片奖"，课堂上活跃、生动、交互的氛围产生了良好的教学效果。这一活动新颖有趣，在增强同学们的社会责任感与使命感的同时也锻炼了他们的组织能力、交流表达能力与团队协作能力。

### 4. 工程伦理沙龙

"工程伦理沙龙"活动共分为四个环节，包括前期准备、分场讨论、茶歇和论题总结。整个活动的主要工作都由学生自主完成，锻炼了他们的组织能力与分工协作能力。

前期准备环节：活动流程主要由教师负责制定并下发任务书，同学们自主完成水果、零食和饮料等物资采购、海报设计与制作、教室布置等项工作，并确定每小班的讨论主题。

分场讨论环节：一共分设5个讨论小班，各在一个智慧教室，每班自主确定一个研讨主题（如平台垄断、网络环境、人工智能等），每班的6个讨论小组围绕各主题设3个分话题，每组设1位主持人。在教师活动说明的开场白之后，200多位学生可以自由选择感兴趣的话题参与讨论。主持人（不参与流动）负责组织大家讨论，并在参与讨论学生的明信片上加盖专属图章。主题讨论时间是15 min一场，摇铃后有5 min茶歇。茶歇结束摇铃后学生流动进入下一个主题讨论。同学们依次完成 5 场主题讨论并集齐 5 个图章，加盖图章是为了促进讨论过程的流动性。

茶歇环节：学生们在走廊中尽情享受水果、零食和饮料的同时也可以短暂交流，并寻找下一场论题的教室。服务生同学负责及时添加食物与饮料，茶歇现场气氛温馨，同学们仿佛是在参加国际会议。

论题总结环节：学生们各自回到原来的讨论课小班，各分论题主持人轮流总结本组讨论的重点和新颖观点，授课教师对主持人的表现及其负责的论题加以点评与总结，帮助同学们更好地理解其中的伦理问题。此外，同学们在盖章明信片上写下自己的活动感言。明信片课后统一上交，助教登记整理后再下发给同学留念。

# 四、教学效果与学生评价

整理近三年的结课调查问卷，其统计结果如表 2 和表 3 所示。结果显示绝大多数学生认可我们的教学内容与教学方式，除了工程伦理相关收获外，学生们也大大提升了多项高阶能力，培养了自己正确的价值观与人生观，实现了课程的教学培养目标与思政培养目标。

表 2　结课调查问卷统计表一　　　　　　　　　　　　　%

问题：在这门课程中您最大的收获是什么？（可多选）

| 选项 | 2019 秋季（228 人） | 2020 春季（118 人） | 2020 秋季（410 人） | 2021 秋季（432 人） |
|---|---|---|---|---|
| 了解了工程伦理的概念和内涵 | 87.56 | 92.90 | 92.68 | 89.58 |
| 培养了工程伦理意识 | 84.89 | 89.10 | 90.24 | 87.04 |
| 掌握了工程伦理规范 | 56.89 | 73.40 | 78.88 | 78.24 |
| 提高了基于工程伦理的综合决策能力 | 58.22 | 69.0 | 70.49 | 68.98 |
| 走出单向技术思维模式 | 48.00 | 61.30 | 63.41 | 59.72 |
| 收获不明显 | 3.56 | 1.60 | 2.40 | 2.55 |

表 3　结课调查问卷统计表二　　　　　　　　　　　　　%

问题：课程学习后不仅掌握了相关伦理知识，在以下能力方面也有提高(可多选)

| 选项 | 2019 秋季（228 人） | 2020 春季（118 人） | 2020 秋季（410 人） | 2021 秋季（432 人） |
|---|---|---|---|---|
| 提高了沟通（表达）能力 | 85.33 | 92.10 | 92.20 | 92.36 |
| 提高了团队合作能力 | 90.67 | 94.70 | 93.90 | 92.13 |
| 提高了组织能力 | 60.44 | 52.60 | 65.61 | 68.29 |
| 学会了研究性学习 | 46.22 | 49.10 | 59.02 | 60.65 |
| 学会了与老师们平等地沟通 | 36.00 | 36.80 | 43.66 | 49.31 |
| 收获不明显 | 2.67 | 1.80 | 1.95 | 2.31 |

课程多次获得校督导组专家好评。2020 年课程获得"西安交通大学在线教学课程设计

优秀案例"与"西安交通大学思政示范课"奖励。2021 年课程获得陕西省教育厅"省级课程思政示范课程及教学团队"（研究生类）荣誉。

# 五、结　　语

总之，与时俱进的教学内容、新型多样的教学模式、师生互动与生生互动交流都避免了传统课堂的说教模式。课程充分发挥了学生在学习过程中的主导地位，激发了他们的学习热情，增强了学生对工程伦理及科研学术规范的认知，提升了他们的社会责任感与使命感，实现了工程伦理"意识-规范-能力"三位一体的培养目标。此外，课程成功地将工程伦理的知识教育与思想政治教育紧密融合，将价值塑造、知识传授和能力培养三者融为一体。

# 参 考 文 献

[1]　杨斌，姜朋，钱小军. 案例教学在职业伦理课程中的应用[J]. 学位与研究生教育，2019(12): 36-41.

[2]　郭玉娟，陈丽，郑勤华. 推动"互联网+教育"发展的制度创新方向[J]. 电化教育研究，2022(5): 11-16.

[3]　宋玲. 智慧教室对高校教学模式的影响研究[J]. 教育与信息化，2021(10): 135-137.

[4]　席酉民，张晓军. 我的大学我做主[M]. 北京: 清华大学出版社，2016.

**作者简介：**

徐正红（1969—　），女，副教授，研究方向：电子技术、生物医学光子学、工程伦理。

刘增（1984—　），男，副教授，研究方向：电力电子、工程伦理。

孙安邦（1984—　），男，教授，研究方向：高电压技术、工程伦理。

石建稳（1976—　）男，教授，研究方向：储能科学与技术、工程伦理。

# "两山"特色思政在"机械工程伦理"教学中的探索与实践①

徐云杰

（湖州师范学院工学院，湖州　313000）

**摘　要：**深度挖掘"两山"理念中生态、环保、创新、共享、绿色可持续发展元素，融入"机械工程伦理"课程中，形成"两山"工匠课程思政体系。在教学设计中借助案例引导法，将"冬奥遗产"的经典案例巧妙融入理论知识点中，实现工程实践与伦理教育紧密结合，践行"两山"理念，传承冬奥遗产，最终达到润物细无声式课程思政教学。

**关键词：**"两山"理念；冬奥遗产；案例引导

教育部发布的《高等学校课程思政建设指导纲要》强调"工学类专业课程，要注重强化学生工程伦理教育，培养学生精益求精的大国工匠精神，激发学生科技报国的家国情怀和使命担当"[1]。机械工程伦理这门课，就是告诉学生，除了专业技术以外，还必须要考虑机械对人、社会、自然等多方面的影响，在进行机械设计、制造、使用、维护等过程中，要充分考虑法律伦理道德的情况，对工程项目进行统筹兼顾。从而避免只关注技术、不关注伦理的情况。

党的二十大报告指出"必须牢固树立和践行绿水青山就是金山银山的理念，站在人与自然和谐共生的高度谋划发展"[2]。教育部关于印发《绿色低碳发展国民教育体系建设实施方案》的通知指出"把绿色低碳发展理念全面融入国民教育体系各个层次和各个领域，培养践行绿色低碳理念、适应绿色低碳社会、引领绿色低碳发展的新一代青少年，发挥好教育系统人才培养、科学研究、社会服务、文化传承的功能，为实现碳达峰、碳中和目标作出教育行业的特有贡献"[3]。机械材料生产或使用中有时会产生噪声、粉尘、废水、废气等，污染环境破坏生态，处理污染又需要用到机械装备。机械对人、社会、自然等在环境方面的影响可以归纳为对"两山"生态文明建设的影响。在机械产品或装备的设计、制造、使用中，坚持"两山"理念引领，依法依规，利用现代先进的技术手段进行创新设计，在工程中始终坚持生态优先原则，采取"工程避让、工程减缓、工程补偿"等多种手段，最大限度降低施工对生态环境的影响，是实现人与自然和谐共生的生动实践。本文深度挖掘"两山"元素，探索在机械工程伦理课程中践行"两山"理念。

---

① 资助项目：2021 年浙江省教师教育创新实验区建设教师教育课堂教学模式改革项目："三能合一，德技双修"双师型中职师资课堂教学模式改革的探索与实践（浙教办函〔2021〕172 号）；2021 浙江省课程思政教学改革项目：创建"'平语近人'话制造"模式指导机械制造类思政课程建设（浙教函〔2021〕47 号）。

# 一、教 学 目 标

　　"机械工程伦理"课程的教学目标是在进行机械设计、制造、使用、维护等过程中，要充分考虑对人、社会、自然等多方面的影响，即在"两山"的生态文明建设引领下，对工程项目进行统筹兼顾，育"两山"人才，传播"两山"理念，讲好"两山故事"。以"两山"的生态文明建设为引领，以生态工程观、创新工程观、系统工程观、社会工程观、文化工程观、工程伦理观支配工程活动，让学生了解在未来工程活动中应该承担的安全与责任，诚信与道德，价值、利益与公正，学会遵守工程师的职业道德，传承冬奥遗产的绿色、低碳、可持续发展战略，引导学生在工程活动中按"绿水青山就是金山银山"的理念践行绿色可持续发展和创新发展，树立为迎接世界未来之大变局，努力成为世界主要科学中心和创新高地而奋斗的信念！

# 二、思 政 元 素

　　深度挖掘"两山"理念中生态、环保、创新、共享、绿色可持续发展元素，在工程的设计、制造、应用等全生命周期以生态观、创新观、系统观、社会观、文化观、伦理观（图1）践行"两山"理念，结合培养大国工匠的应用型人才培养定位，培养学生工匠精神、敬业精神、责任精神、创新精神、求实精神、协作精神和奉献精神7种科学精神，以北京冬奥绿色、低碳、共享和可持续发展经典案例为例，传承北京冬奥遗产，"两山"与冬奥遗产相辅相成，形成独具特色的"两山"工匠课程思政元素（图2）。在注重强化学生工程伦理教育的同时，引导学生树立和践行"绿水青山就是金山银山"的理念，大力加强学生生态文明意识的培养，培养学生精益求精的大国工匠精神，激发学生科技报国的家国情怀和使命担当。

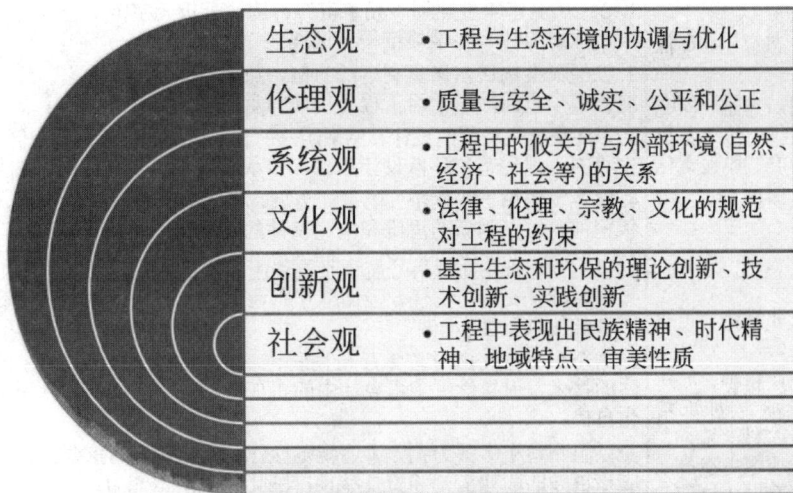

| 生态观 | •工程与生态环境的协调与优化 |
| 伦理观 | •质量与安全、诚实、公平和公正 |
| 系统观 | •工程中的攸关方与外部环境(自然、经济、社会等)的关系 |
| 文化观 | •法律、伦理、宗教、文化的规范对工程的约束 |
| 创新观 | •基于生态和环保的理论创新、技术创新、实践创新 |
| 社会观 | •工程中表现出民族精神、时代精神、地域特点、审美性质 |

图1　工程观的思政内涵

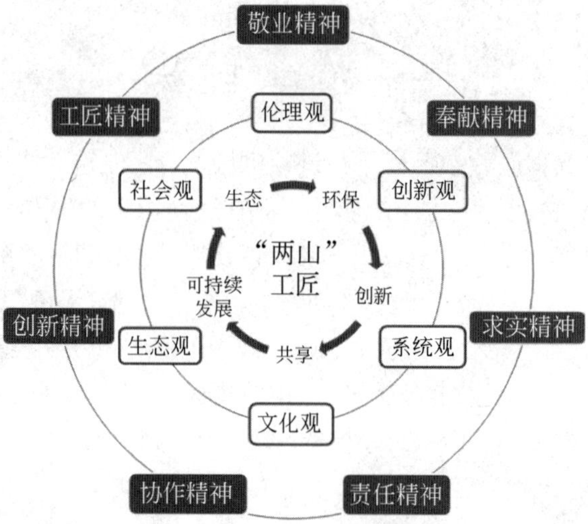

图 2 "两山"工匠思政元素

# 三、设 计 思 路

　　人类的工程实践不仅是一种改造自然的技术活动，也是一种关涉人、自然与社会的伦理活动[4]。学习工程伦理的目的是提升工程师伦理素养，加强工程从业者的社会责任；推动可持续发展，促进人与自然的协同进化；协调利益关系，确保社会稳定和谐。基于此，以践行"绿水青山就是金山银山"的"两山"理念为主线，针对课程特点以及授课对象的认知能力，在教学大纲、教案以及教学过程中融入"两山"工匠课程思政元素，如表 1 所示，在教学设计中巧妙融入并传承冬奥遗产，将工程与伦理教育紧密结合，并借助案例引导法，使课程思政润物细无声式融入教学。

表 1　课程章节思政元素的教学设计

| 课程章节 | 重要思政元素 | 相关联的专业知识或教学案例 |
|---|---|---|
| 工程与伦理 | 生态意识、环保法规；创新思维、探究精神、传承冬奥遗产、加强文化自信 | 1. 以 2021 年年度热词"元宇宙"为例，分析元宇宙中包含的工程和伦理元素，探讨为什么要学习工程与伦理；<br>2. 以经典案例切尔诺贝利事故为例，从国家、社会、生态、环保、可持续发展等多个方面探讨学习工程与伦理的重要性和必要性；<br>3. 以冬奥会火种灯的设计灵感来源——长信宫灯的工作原理为例，引入自古以来我国重视生态和环保设计理念，传承低碳冬奥精神的同时加强文化自信；<br>4. 以冬奥场馆"冰丝带"的设计为例，探讨工程与发明的关系，传承冬奥创新精神，融入创新的思维和探究精神的重要性 |
| 工程中的风险、安全与责任 | 职业规范、职业道德；责任精神、工匠精神、创新精神、科学精神、传承冬奥遗产、加强文化自信 | 1. 以美国"哥伦比亚"号航天飞机魂断苍穹为例，引入工程中工程师应该承担的风险、安全与责任，强化遵守职业规范和职业道德，以及责任精神和工匠精神的重要性；<br>2. 结合冬奥会高山滑雪 2 万 m 防护网筑成"红色长城"，讲述风险防护和预防的技术，引导学生工程设计中的责任意识、工匠精神和创新精神，树立文化自信；<br>3. 以温州动车事故为例，讲述规范操作、安全意识的重要性，以及在工程中应该遵守的职业道德和责任精神，强化风险防范能力；<br>4. 以美国花旗银行大楼事件为例，讲述有效防控风险的意义，引导学生学习工匠精神以及事故处理中的责任精神和科学精神 |

续表

| 课程章节 | 重要思政元素 | 相关联的专业知识或教学案例 |
|---|---|---|
| 工程中的价值、利益与公正 | 生态意识、求实精神、献身精神、敬业精神、创新精神、协作精神、传承冬奥遗产、强化制度自信 | 1. 以南水北调工程为例，讲述工程中的生态价值和经济价值以及利益博弈中的公正问题，引导学生体会我国的制度优势，增强民族自信心、制度自信心；<br>2. 以我国嫦娥工程和火星探测计划为例，分析工程的价值导向性，强化民族自信，增强民族自豪感、制度自信心和使命担当；<br>3. 以北京冬奥会、冬残奥会的系统工程为例讲述工程价值的多元性以及利益分配的公正性，包括经济、科学、政治、社会、文化、生态等多方面的价值，引导学生体会我国的制度优势，增强民族自信 |
| 工程与生态责任 | 生态意识、环保意识；家国情怀、使命担当、传承冬奥遗产、加强文化自信 | 1. 以消失的咸海为例，讲述工程对生态造成的破坏，引导学生强化生态意识和环境保护意识；<br>2. 讲述"绿水青山就是金山银山"在工程中的实践，讲述"两山"的生态、环保、创新、共享和可持续发展的关系，强化学生的工程生态意识、环保意识和创新意识，传承"两山"理念，践行"两山"理念；<br>3. 讲述"绿色奥运"理念，绿色可持续发展和协同发展，"绿电高速路""微火"等将绿色和生态融为一体，引入碳达峰和碳中和的概念，强化生态意识、环保意识和绿色可持续发展理念，用好冬奥遗产，加强家国意识和使命担当，为后世留下"绿水青山" |
| 工程中的诚信与道德问题 | 求实精神、创新精神、责任精神、家国情怀、使命担当 | 1. 以德国大众汽车"排放门"事件为例，分析诚信的丧失和道德的缺失给企业带来的严重后果，强化诚信意识与遵守职业道德的精神；<br>2. 以华为事件为例，透过华为的"红与黑"，美国的"傲慢与偏见"，欧洲的"混乱中立"，分析工程中的人道主义，文化偏见和制度偏见对工程和技术发展的影响，强化创新的重要性，加强学生的家国情怀和使命担当；<br>3. 以"三鹿毒奶粉事件"为例，讲述在商业活动中，工程师除需具备诚信、正直、公正、公平等伦理道德外，还应将对社会负责、维护公共利益作为其重要的道德准则 |
| 智能机器人伦理 | 传承冬奥遗产、家国情怀、民族自信、创新精神、创新能力，使命担当 | 1. 以冬奥会自动驾驶、自然语言处理 NLP、机器视觉 CV、深度学习 DL、数据挖掘 DM 等人工智能的应用，分析人工智能给生活、经济、社会带来的影响，传承冬奥遗产，建立民族自信；<br>2. 以冬奥会冰雪赛场上为冬奥保驾护航、为赛事智慧赋能的智能机器人为例，分析人工智能的发展带给我们的新的伦理思考；<br>3. 通过电影《机械公敌》探讨阿尼西莫夫的机器人三原则，未来机器人发展给人类带来哪些伦理问题；<br>4. 以全球首个活体机器人诞生，可生物降解有自愈能力为例，探讨未来活体机器人带来的伦理隐忧 |

# 四、实　施　案　例

案例 1：现代工程生态观——和谐发展的工程观。本节学习和谐发展的工程观的概念，践行和谐发展的工程观的方法。以北京冬奥会延庆赛区国家雪橇雪车场馆建设为例（图 3），延庆赛区以"绿色办奥"理念为指导，将生态保护与冬奥工程建设一体化推进，工程始终坚持生态优先原则，采取"工程避让、工程减缓、工程补偿"等多种手段，最大限度降低施工对生态环境的影响，实现了人与自然和谐共生，践行了和谐发展的工程观，为新时代推进"两山"生态文明建设提供了生动的样板。传承冬奥的绿色、低碳、可持续的理念，培养学生生态环保意识以及造福后世子孙的使命担当。

图 3    冬奥延庆赛区工程建设

案例 2：绿色工程。本节学习绿色工程的相关术语；引导学生在工程中践行"绿水青山就是金山银山"的生态理念，深刻理解并自觉遵守工程职业道德和规范，履行责任，在工程实践中考虑生态、环境、人文和创新。以国家速滑馆（"冰丝带"）建设为例，它创新性地采用二氧化碳跨临界直冷制冰技术和分区控温，碳排放值趋近于零。"冰丝带"的设计灵感来自老北京传统冬季冰上游戏"冰杂"，设计风格与水立方和鸟巢相辅相成，整个工程传承了中华民族传统文化的生态智慧，体现了继承性和创新性的统一、民族性和世界性的统一（图 4）。"冰丝带"已经成为北京的新地标，展现出了解决生态环境保护冲突的典型方案和中国智慧。在案例中同时融入党中央、国务院从国情出发作出的 2030 年前碳达峰和 2060 年前碳中和的重大战略决策，传承冬奥绿色、低碳、可持续的理念，培养学生生态环保意识、创新的思维、民族自信心和自豪感。

图 4    国家速滑馆"冰丝带"

案例 3：生态伦理。本节学习生态伦理的概念和特征。以首钢"雪飞天"工程项目为例，"雪飞天"是政府与企业合力推进改善北京生态环境的生态项目，按北京市政府"先规划生态，再规划产业"理念设计建造，体现出生态伦理的强制性，以及生态政策必须兼顾生态系统的价值的特征[5]。首钢园区已成为北京生态示范区新地标，它的设计灵感来自敦煌壁画中的"飞天"，传承了中华民族传统文化，创新性地提出"保留工业素颜值、织补提升棕颜值、生态建设绿颜值"的打造整体风貌理念，生动践行了"两山"生态理念。传承冬奥绿色、低碳、可持续的理念，培养学生生态环保意识、创新的思维、探究精神，增强中华儿女的民族自信心和自豪感，充分展现我国的制度优势。

案例4：智能机器人伦理。本节学习机器人三原则，机器人引发的十大人工智能的伦理困境。以北京冬奥智能机器人背后的故事和技术为例，冬奥会防疫机器人、物流机器人、引导机器人、智能安全机器人、炒菜机器人、送餐机器人等各类机器人被广泛应用（图5），随着成本不断下降、智能化程度不断提升，越来越多的机器人产品正在走入寻常百姓熟悉的生活场景中，让更多消费者感受着技术带来的便捷服务体验。阿西莫夫1940年为保护人类提出机器人三原则[6]，但随着机器人智能化的发展，机器人更多地被赋予人类的情感和技术，超越了三原则的约束，带来了新的伦理问题，如何破解这些伦理问题是本节重点探讨的问题。传承冬奥创新精神，培养学生创新思维、探究精神，强化核心技术的使命担当。

(a) 咖啡机器人　　　　　　　　(b) 防疫机器人

图5　冬奥服务机器人

# 五、特色及创新

## 1. "两山"工匠课程思政

充分利用湖州"两山"发源地的优势，深度挖掘"绿水青山就是金山银山"理念中生态、环保、创新、共享、绿色可持续发展元素融入课程，结合机械专业培养大国工匠的使命担当，融入工匠精神，将"两山"的生态建设与机械的工匠培养融为一体，形成独具特色的"两山"工匠课程思政体系。

## 2. 传承冬奥遗产，凝聚奋进力量

将"两山"理念与冬奥遗产的传承相融合，聚焦生态、环保、创新、共享和可持续发展，以北京冬奥绿色、低碳、共享和可持续发展经典案例为例，讲述在"两山"引领下的冬奥工程与生态完美结合的生态文明建设成果，传承北京冬奥遗产。践行习近平总书记强调的："北京冬奥会、冬残奥会既有场馆设施等物质遗产，也有文化和人才遗产，这些都是宝贵财富，要充分运用好，让其成为推动发展的新动能，实现冬奥遗产利用效益最大化。"

### 3. 教学内容丰富多样，思政推进扎实有效

优质 MOOC 资源辅助课前课后线上学习，短视频、课堂手机端讨论、案例库、习题库等课程资源丰富；课中情景化、项目式教学方法，实时互动与统计，同步实现价值塑造、能力培养、知识传授三位一体的教学目标，教学方法接地气，课堂互动感强，学生参与度高。冬奥案例融入"两山"生态和工匠精神，扎实推进"两山"工匠润物无声式融入课程。

# 六、教 学 效 果

### 1. 学生参与度高，教学效果好

自 2020 年 3 月起结合"智慧树 MOOC"平台，本课程开展了 3 个学期的 MOOC+翻转课堂教学，采用线上线下混合模式考核。学生始终保持强烈的兴趣，表现出良好的应用创新意识，涌现了一批优秀的工程伦理短视频作品（图 6），例如铁窗泪、警钟、以人为本、道德至上、正道的光等。

图 6　工程伦理短视频作品

### 2. 校外学习者积极参与

2020 年开课以来，课程已经在智慧树 MOOC 平台和浙江省在线开放共享平台上面向全国高校以及社会学习者开展了 3 期教学。有 10 所高校 797 人选课，参与互动 474 人次，如图 7 所示。

### 3. 推广应用效果显著，成果辐射面广

"两山"工匠课程思政基层教学组织是省级课程思政基层教学组织，"机械工程伦理"

图 7　机械工程伦理 MOOC 课程

入选国家智慧教育平台，面向全国开放。本课程是校级课程思政示范课和校级虚拟教研室。"机械工程伦理"是我校新入职教师教学技能观摩课，累计听课教师 200 余人；课程的教学方法获浙江省互联网+优秀教学案例特等奖 1 项，浙江省课程思政优秀教学案例特等奖 1 项。负责人受邀在全国智慧建造教学联盟、浙江省互联网+优秀教学案例与一流专业建设研讨会、浙江省高校课程思政现场交流会教学研会、浙江中医药大学、湖州市中心医院等作课程思政主题报告，受益教师超过 6000 人，受到一致好评（图 8）。

图 8　课程思政的推广与交流

# 参 考 文 献

[1]    中华人民共和国教育部. 高等学校课程思政建设指导纲要[EB/OL]. (2020-05-28) [2022-11-06].
        http://www.gov.cn/zhengce/zhengceku/2020-06/06/content_5517606.htm.

[2]    习近平. 高举中国特色社会主义伟大旗帜　为全面建设社会主义现代化国家而团结奋斗[EB/OL]. (2022-
        10-16) [2022-11-09]. https://www.shanghai.gov.cn/nw4411/20221026/4691f2999baf47999f9400d2d737c284.html.

[3]    中华人民共和国教育部. 教育部关于印发《绿色低碳发展国民教育体系建设实施方案》的通知[EB/OL].
        [2022-10-31]. http://www.moe.gov.cn/srcsite/A03/moe_1892/moe_630/202211/t20221108_979321.html.

[4]    李正风, 丛杭青, 王前. 工程伦理[M]. 北京: 清华大学出版社, 2016.

[5]    张利. "雪如意""雪飞天"背后的设计故事[J]. 中国勘察设计, 2022(2): 16-19.

[6]    《社会科学文摘》编辑部. "阿西莫夫三定律"与技术伦理[J]. 社会科学文摘, 2020(11): 1.

## 作者简介：

徐云杰（1976—　），男，博士，教务处副处长，研究方向：机电一体化。

# "工程伦理"课程思政教学与实践探索①

王　蕾，高　丽，陆红梅

（石河子大学水利建筑工程学院，石河子　832003）

**摘　要：** "工程伦理"课程是土木水利专业的一门重要的大类基础课程、必修课程。进行"工程伦理"课程思政教学，要使课程思政元素与原有工程伦理课程体系有机融合，整合教学内容，完善教学模式。通过不断创新课堂思政建设模式与方法途径，系统学习工程职业共同体与工程伦理的基本内涵、典型工程伦理与行为规则，引导学生逐步形成正确的价值观、人生观、职业发展观，形成可推广可复制的教学改革经验，为高校工程伦理课程协同育人建设提供参考。

**关键词：** 工程伦理；课程思政；教学思考；实践探索

"工程伦理"是工程类专业的一门综合性交叉学科课程，也是土木水利专业的一门重要的大类基础课程，理论性、实践性都很强。要求每个学生把伦理理论与工程实践充分结合起来，把学习心得用于工程实践中，不断塑造学生正确的价值观和思维方式。

## 一、"工程伦理"课程思政教学理念

为满足社会主义市场经济和现代技术发展对人才的需求，工程教指委明确提出"思想政治端正，责任合格，基础理论方法坚实，应用过硬"的全面教育观。工程教育不仅限于知识与技能的传授，更重在职业精神的养成与传续。该课程以习近平总书记新时期中国特色社会主义理念，以及在全国高等学校思想政治教育工作大会上的重要讲话精神为引领，以社会主义核心价值观教育为内涵和重点，全面贯彻立德树人的根本任务，将价值导向、技能训练与知识讲授有机结合，通过知识传授、言传身教、角色体验等教学方式，深入挖掘思想政治教育资源，使学生了解、认可并接受工程伦理理念与基本职业规范，塑造工程职业共同职业信仰，培养"忠于党、忠于国家、忠于法制，政治过硬、业务过硬、责任过硬、纪律过硬、作风过硬"的复合型工程技术人才。

## 二、"工程伦理"课程思政教学实践

### 1. 把握课程思政建设方向和重点

进行"工程伦理"课程思政教学，除了要求学生掌握工程伦理核心内容外，尚需结合

① 资助项目：新疆维吾尔自治区研究生教育教学改革研究项目"工科专业'课程思政'理念与工程伦理教育协同育人路径研究"（XJ2022GY14）；兵团高校课程思政示范课程项目"工程伦理"（M410031）；石河子大学课程建设项目"研究生课程思政示范课程"（2021Y-KCZS03），"研究生精品课程"（2021Y-KCJP01），"过程性考核示范课程"；石河子大学专业学位研究生课程案例库建设项目（2020Y-AL04）。

课程思政内容，将做人处事的基础品德、社会主义核心价值观的要求、实现中华民族伟大复兴的志向与责任，整合到课堂教育当中，以"润物细无声"的方式实现工程伦理课程思政教学[1]，引导学生形成健康的世界观、人生观、价值观，充分发挥自己的才能，实现自己的人生价值和社会价值。

## 2. 挖掘思想政治教育资源

思政元素须与工程伦理课程内典型的工程案例建立密切的联系，这些都是能直接表达思政教学的思政元素，而工程伦理课程知识体系尚有一些隐性的思政元素[2]，比如某个知识单元能够表达出富有哲理的人生观、价值观等，这些也是课程思政元素，因此工程伦理课程思政元素的遴选须以课程中的知识单元作为立足点，深入挖掘，首先吃透课本，在此基础上，充分理解课程所蕴含的思政元素的外延和内涵。

## 3. 重构"工程伦理"课程内容

在教学内容安排上，探索教学内容与思政育人的融合点，进行"通-分"结合模式，重构教学内容，开展课程教学（图 1）。课程建设目标融入整个课程教学过程，通过课程教学与研究，教育学习者形成伦理意识、学会思考，从而在面临学术问题及职业伦理困惑之时作出负责任的价值评估与抉择。

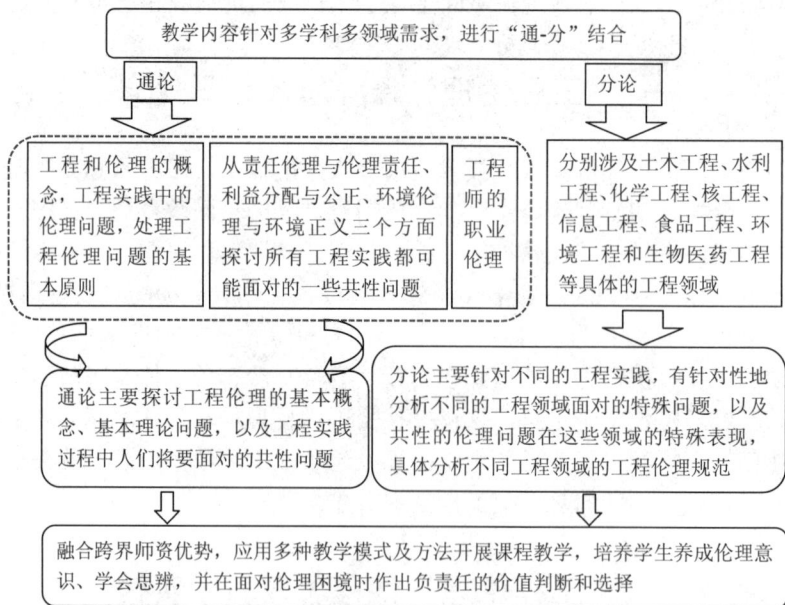

图 1 "工程伦理"课程建设目标融入课程教学内容与过程

通论部分是不同专业方向的工科学生都必须掌握的工程伦理学基础内容，如工程实践的伦理维度、工程师的社会责任、工程活动的社会影响等；分论部分是结合具体工程学科特点的工程伦理研讨，围绕各个专业工程师协会伦理规范展开，认识本专业工程伦理的特点，同时结合国内外案例，探讨本专业在中国实践中突出的工程伦理问题和在国际视野中普遍存在的工程伦理问题等。

在教学过程中邀请有伦理思考的著名工程专家进行专题讲座，注重选用案例的典型性和启发性；对于综合案例进行分组讨论。探讨涉及工程伦理多方面因素的复杂案例，如高铁事故、PX 项目、坍塌事故等案例，培养学生处理复杂工程伦理问题的能力。

### 4. 改进教学方法，合理选择教学模式

工程伦理教育以工程职业为出发点和归宿点，因此加强实践教学、发挥学生主动性是工程伦理教育的必由之路。课堂上坚持以目标型教学为引导，结合案例型教育、讨论型教育等各种方式，课外采取多样化的自主学习形式。

1）基础理论部分："讲授式"

以教师教学为重，授课主体是教师，而学生则为听众。授课程序是首先宣布本课程教学目的，再按照通过教学案例引入新课、讲解新课、强化复课、合理布置教学作业 4 个阶段安排教学。发挥教师的主导作用，教师负责管理整个授课、把握教学进度，同时发挥正面教育和上课的功能，对学员进行知识传播和直接的品德教育，可以容纳大批听众。

教学案例：怒江水电开发的主要争议——必须着重研究工程建设和伦理学的基本概念，剖析工程建设实施中可能产生的各类伦理学问题，并指出解决工程建设实施过程中伦理学问题的基本原则。

2）案例讨论部分："启发式"

通过案例教学法，建立活动型、开放型的课堂教学（图 2）。教师不但要了解专业法规和职业伦理的基本知识，更要了解并把握大量的案例，才能以教学参与者的身份，调动并引领学生积极参与案例探究，从而营造一个开放宽容的课堂教学气氛。

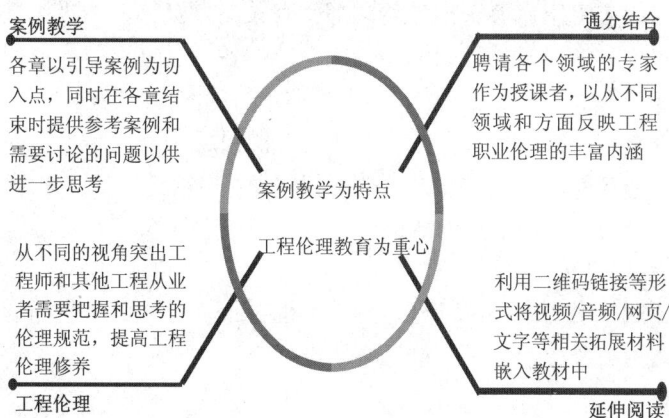

图 2 "工程伦理"思政课程案例教学的应用

教师直接指导学生思考，获得对内容的真正掌握，并培养学生探究新问题的兴趣和思维能力。通过这种教学模式可以继续发展教师的主导地位，以授课、交流的方式为主，丰富学生的课堂活动，同时将教师的主导地位从课堂教学传授转为直接指导学生自主了解掌握的课堂教学内容，从关键之处启迪学生思维，并促进其领悟。其程序相对繁多、复杂，视课程的难易程度和学习者的掌握程度而变化，通常可按照"自学—发疑—提问—释疑"的过程实施。而启发式教育的实质，就是正确对待教和学的相互关系，它体现了教育课程的客观规律，也可以培养学习者思考问题的兴趣与能力。

在案例选择上，可以采用"通用型+专业型"的案例。通用型案例的作用在于构建教学主体框架，专业型案例的作用则在于激发专业探索。

在教学案例库建设与应用方面，为了提高学生的感性认识，教师结合国内外研究精选湖南凤凰县沱江大桥特大坍塌事故（工程安全）、烟大渤海跨海通道（投资决策）、天津水岸银座拆除事件（可持续发展）、台北美河市改变征收土地用途事件（社会公正）、恒隆地产的"诚信之道"（职业伦理）等案例资源，同时把教师在科研、教学和社会咨询服务方面的研究成果，编写成教学案例资料，进行工程伦理课程教学案例库的建设。

教学案例：湖南凤凰县沱江大桥特大坍塌事故——重点探讨工程师的职业伦理底线及工程伦理意识。"学生们讨论了许多伦理学的知识，却并不会由此而直接影响自身的社会价值抉择和行动，是这类教学主要的错误。""只有透过案例将同学们引入一种更具体复杂的生活情景中，才会使学生们感到这并非一堂单纯的品德课，而是对一个人的基本道德品质在面对卫生、安全和环境这一类重要问题时的检验。"[3]

3）专题内容部分："讨论式"

"讨论式"目的在于引导学生探究问题，积极地解决问题，并在实践中逐步掌握知识、技巧，从而发挥才能与智慧；上课时以学生活动为中心，教师则退居于辅助地位，通常采取小组或班级讨论的形式，教师提问题，学生自行去解决。基本分为两步：第一步，由教师创造问题情景，并激发学生积极思考；第二步，学生解决问题，经过反思、论证、总结，得到真正的答案。

教学案例：关于黄河三门峡工程的论争——重点探讨水利工程中的伦理问题，引发对水利专业工作者工程伦理意识的思考。开展课堂教学研讨的程序：研讨时，教师按照课程目的明确研讨的主题并给出内容，指导学生翻阅有关参考资料，积极提供建议并撰写陈述纲要。讨论进行时，适当启发学生的思路，促使他们各抒己见，引导他们逐渐深入问题的本质并针对有分歧的观点展开争论，培养其求真务实的精神和创造性处理问题的能力。讨论结束后，教师予以总结，并指出可继续思索和探讨的问题。

课堂讨论的目的是促进学生对知识的理解和掌握，引导学生独立思考，彼此交换意见，同时训练学生自己分析问题、解决问题的能力以及口头交流表达的能力。

4）教学资源实现"线上线下"混合制

将教学资源分成线上与线下两部分，使教师的授课主导性、学生的学习自主性更强。结合教学设计筛选网上资源，让学生追着教学进度跑。

## 5. 建立课程考核机制

本课程考核评价机制体现应用型、职业化和德育性三个特点，具体由三部分构成：

（1）讨论课程的研讨发言考核，主要考查学生对理论知识的理解程度；

（2）平时出勤考核，主要考查学生规范遵守情况；

（3）主观性作业完成考核，主要考查学生的政治素养与工程伦理理解、运用能力。

通过综合课程考核与评价，有助于学习者巩固科学合理的世界观、人生观、价值观和职业观，形成优秀的职业道德、完善的职业人格、浓厚的工程伦理认同感以及服务于构建社会主义法治国家的责任心与使命感。

### 6. 课程思政教学改革成效

为了解课程思政改革的效果，教师在课程结束时进行了教学调查，设置了开放性问题：学习本门课程的收获。对 58 位同学的回答进行总结概括：了解了工程伦理相关问题，提高了工程伦理意识；了解了更多的工程伦理案例，培养了作为未来工程师的责任感；培养了理性思维，提高了协作能力，锻炼了语言沟通能力；开始深入思考社会问题，在思想碰撞中塑造职业信仰等。通过调查，教师了解到工程伦理课程思政教学体系的教学效果与教学意义。

把思想政治课程讲授的有关理论知识融入了工程伦理课程知识讲授中，通过课程整合的手段达到了思想政治教学的目的，并以评价为导向，达到"课程育人"的课堂教学目标。与思政教学中的三观培养、大国梦、社会主义核心价值观教育等和工程伦理教学活动中的职业人生观、价值取向、献身信念、团体共同利益等密切相关，在潜移默化中使学生受到社会主要价值观的影响，并努力实现具备"国际眼光、祖国情感、创新奉献、专业素养"的人才培养目标[4]。

## 三、完善学校思政内容供给，紧密融入价值创造、技能传递与技能训练

### 1. 课程思政元素与原有工程伦理课程体系有机融合

基于遴选的思政元素进行课程思政教学实践改革，保证课程思政元素与工程伦理课程体系充分、有机地融合（图 3）。工程伦理课程本身具有极其严密和系统的体系，增加的思政元素或原课程中突出放大的知识点必将造成课程体系显得多枝多叶或臃肿，因此必须对课程思政元素进行排列、组合，并与原工程伦理课程体系进行组装融合。将典型工程案例与知识单元结合，比如在讲授土木工程的伦理问题时，可以自然引入重庆綦江县彩虹桥坍

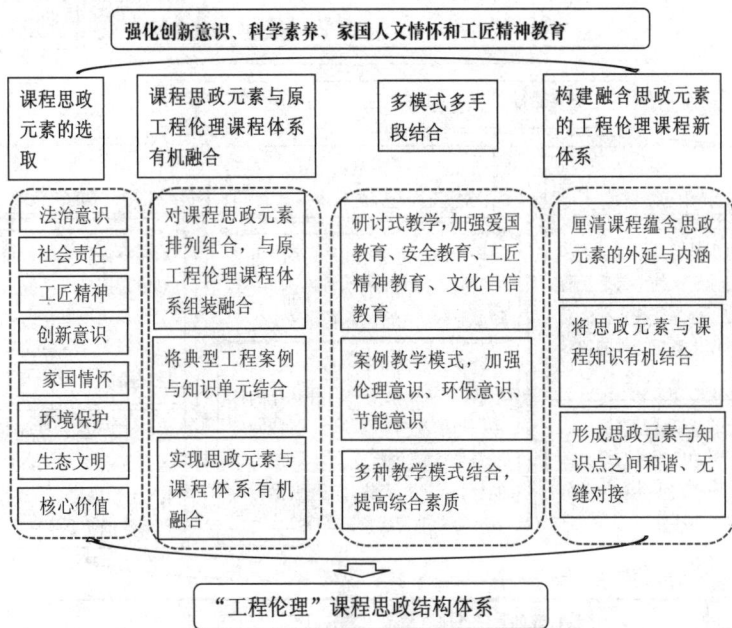

图 3　"工程伦理"课程思政结构体系

塌事故、碧桂园"6·24"坍塌死亡事故等[5]，既丰富了课程内容，又巧妙地实现了思政元素与课程体系的有机融合教学。

### 2. 构建融合思政元素的工程伦理课程新体系

课程思政教学实践必须保证不能损伤原有课程知识体系，即不能因为融合了思政元素而去掉部分本来的课程组成部分。工程伦理课程体系发展较完善，内容逻辑性强，在这样的教学特点和系统基础上进行课程思政知识教育，就需要进一步厘清基于该学科所包含课程思政元件的外延性质和内容所在，把与《工程伦理》教材章节相对应的课程思政元件与课堂知识点有机融合在一起，努力实现学科思政元件和知识点相互平衡、无缝衔接，并通过持续的课堂思政知识教育实施，最后建立反映工程伦理学实质、特色的工程伦理学思政知识教育教学结构体系[6]。

## 四、创新课程思政建设模型与方法路径

本课程充分体现了思想政治的教学元素，通过确定课程目标、教学目标，并编写反映"课程思政"改革思想的教学大纲、课件等课程文件，通过系统讲授工程职业、工程职业共同体与工程伦理的基本内涵，典型工程伦理与行为规则，引导学生树立正确的价值观、人生观、职业观，并形成可推广可复制的教学改革经验（图 4）。

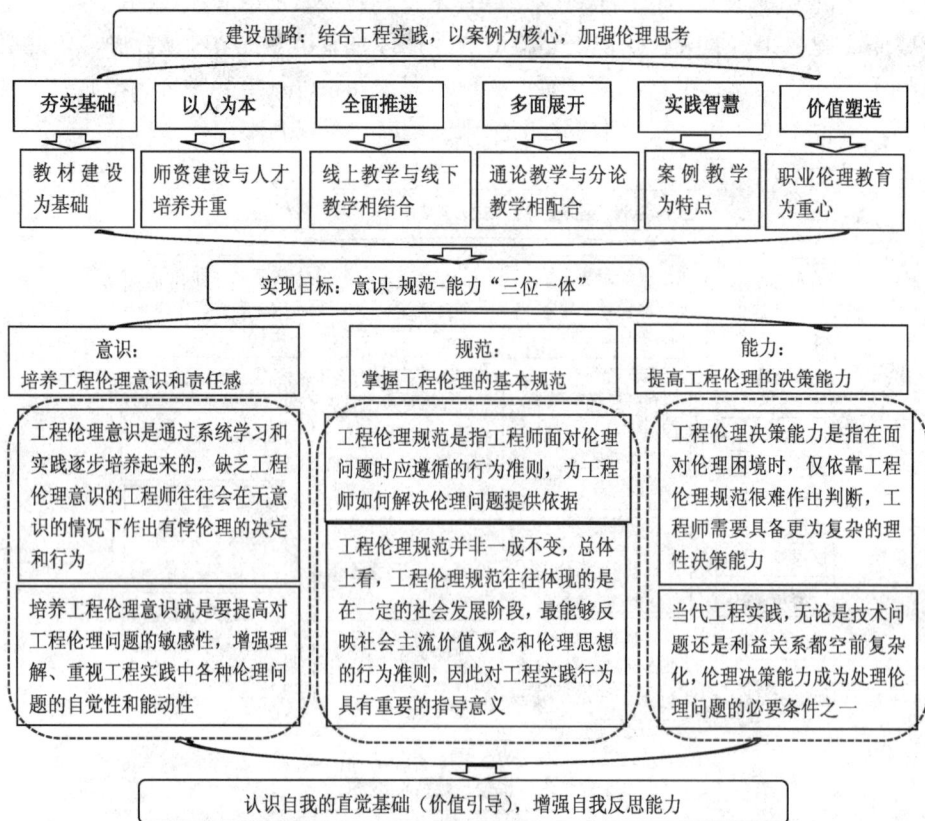

图 4　"工程伦理"课程思政建设模式

# 五、结　　语

通过"工程伦理"课程思政的教学实践，在校内建立相关专业所开设的"工程伦理"课程思政一体化，形成成熟的课程思政教学大纲、教学设计，编制完备的课程思政多媒体讲义，并进行推广。将专业课程与思政教育融为一体，通过学习有关核心价值观、工程法规、工程安全、工程伦理等各具特色的案例，帮助学生提高思想政治觉悟，让同学们在学到知识的同时，增强工程意识、伦理意识、安全意识，热爱自己的专业，培养"大国工匠精神"，加强社会责任感，思想得到升华，助力民族复兴。

# 参 考 文 献

[1] 许春艳. 课程思政元素融入"高职计算机基础"课程教学的探索与实践[J]. 新课程研究, 2021(9): 17.

[2] 邵将, 伍婵提. 高校专业课程思政的探索与实践——以"经济法"课程为例[J]. 教育现代化, 2019, 6(32): 147.

[3] 清华研究生必修"职业伦理"才能毕业[EB/OL]. (2015-04-24) [2021-04-19]. http://scitech.people.com.cn/n/2015/0424/c1057-26898788.html.

[4] 习近平. 把思想政治工作贯穿教育教学全过程, 开创我国高等教育事业发展新局面[N]. 人民日报, 2016-12-09(1).

[5] 郑训臻. 基础力学课程思政教学理念与实践探索[J]. 高等建筑教育, 2021, 30(2): 107.

[6] 王茜. 课程思政融入研究生课程体系初探[J]. 研究生教育研究, 2019(4): 67.

**作者简介：**

王蕾（1980—　　），女，博士，教授，主要从事工程管理研究。

高丽（1981—　　），女，硕士，副教授，主要从事土木工程研究。

陆红梅（1979—　　），女，硕士，副教授，主要从事工程管理研究。

# 美国工程伦理教育进展研究
## ——基于 NSF 工程伦理教育示范课程的解读与分析

陈柯蓓[1]，周开发[2]

（1. 重庆交通大学马克思主义学院，重庆　400074；2. 重庆交通大学土木学院，重庆　400074）

**摘　要**：2016 年 2 月，为给高等教育机构提供工程伦理教育资源，美国国家科学基金会评选出 25 个美国高校工程伦理教育示范课程和项目。这些示范课程和项目在培养工程专业学生的伦理方面具有示范性，体现出当今美国工程伦理教育的重要特征和最新进展。最新进展具体表现为：工程伦理教育内容跨界、融合；工程伦理教育方法多样、创新；工程伦理教育效果可测、可评。美国工程伦理教育的进展对于提升我国工程伦理教育水平有重要的借鉴作用。

**关键词**：工程伦理教育；示范课程；道德推理

## 一、美国工程伦理教育示范课程概述

美国工程伦理教育兴起于 20 世纪 70—80 年代，在 90 年代不断扩展。21 世纪，工程伦理教育及研究在全美范围内得到全面普及，并不断规范、深化和创新。时至今日，美国工程伦理教育在世界范围内保持着领先水平。

2016 年 2 月，为给高等教育机构提供工程伦理教育资源，美国国家科学基金会（National Science Foundation，NSF）发布《将伦理融入工程师发展》报告，评选出 25 个具有示范性的美国高校工程伦理教育示范课程和项目（表 1），范围涵盖研究生课程、本科课程、多年项目和其他项目[1]。按照 NSF 的要求，示范课程和项目必须具有以下示范性：第一，活动应将伦理与工程技术内容联系起来；第二，对教育目标是否实现进行了定量或定性的评估。最终评选的 25 个示范课程和项目显示了将伦理融入工程教育的有效方法的多样性与创新性，并且呈现出当今美国工程伦理教育的重要特征：有效地将学生的道德学习与工程实践连接起来；采用创新性的教育方法；针对宏观伦理、微观伦理或两者兼有；运用促进主动学习的互动形式（产学合作、多学科教师合作、运用学生合作经验等）；促进提高道德决策能力和问题解决能力。此外，示范课程和项目还具备以下优势：经论证对学生有广泛或持久的影响；教育方法可复制和推广。所以，示范课程和项目代表了当前美国工程伦理教育的最高水平，也彰显着工程伦理教育实践和研究的发展方向。

表 1　2016 年美国工程伦理教育示范课程和项目

| 种类 | 序号 | 项目 | 机构 |
|---|---|---|---|
| 研究生课程 | 1 | 工程责任：规范和专业素养 | 堪萨斯州立大学 |
| | 2 | 生物伦理学案例研究 | 匹兹堡大学 |
| 本科课程 | 3 | 学习倾听：一种道德地从事工程实践的工具 | 弗吉尼亚理工学院 |
| | 4 | 过去和现在的人道主义工程：第一年课程中的角色扮演 | 伍斯特理工学院 |
| | 5 | 弗吉尼亚大学工程与应用科学学院高级论文：终极活动 | 弗吉尼亚大学 |
| | 6 | 本科工科学生职业道德课程中的问题式学习 | 乔治亚理工学院 |
| | 7 | 产品生命周期工程伦理案例研究 | 东北大学 |
| | 8 | 软件工程伦理课程 | 辛辛那提大学 |
| | 9 | 安全伦理与工程 | 麻省理工学院 |
| | 10 | 作为工程师哲学史的伦理学 | 加州州立理工大学 |
| | 11 | 工程灾难：第一年 STEM 的伦理学 | 拉法耶特学院、罗格斯大学 |
| | 12 | 工程伦理学教育学的现象学方法 | 密歇根理工大学 |
| | 13 | 企业社会责任课程 | 科罗拉多州矿业大学 |
| | 14 | 基于工程学生合作经验的团队伦理分配 | 威斯康星大学麦迪逊分校 |
| | 15 | 全球工程师教育课程 | 斯坦福大学 |
| | 16 | 地球观测 | 麻省理工学院 |
| | 17 | 自然与人文价值课程 | 科罗拉多州矿业大学 |
| 多年项目 | 18 | 美国海岸警卫队学院土木工程课程中的道德活动 | 美国海岸警卫队学院 |
| | 19 | 多年工程伦理案例研究方法 | 东北大学 |
| | 20 | 基本伦理：普渡大学工程伦理反思与互动课程 | 普渡大学 |
| | 21 | NanoTRA：促进未来工程技术领导者的纳米技术环境、健康和安全意识的得克萨斯地区联盟 | 得克萨斯州立大学 |
| | 22 | 宏观伦理学：工程教育中的社会正义 | 科罗拉多州矿业大学 |
| 其他项目 | 23 | 生物复杂性遭遇人类复杂性情形下的伦理 | 印第安纳大学医学院、圣母大学 |
| | 24 | 创建工程伦理教育共同体 | 宾夕法尼亚州立大学 |
| | 25 | 暑期大学生研究计划中的伦理课程 | 伊利诺伊大学香槟分校 |

# 二、工程伦理教育内容跨界、融合

随着工程伦理教育的日渐深入，单纯的理论教学与工程实践脱节的弊端日益凸显，因此示范课程纷纷突破传统的伦理讲授和单纯的案例研究，积极探索跨学科融合、道德学习和工程实践结合以及产学合作等促进深度学习的融合方式。

以斯坦福大学的"全球工程师教育课程"为例，该课程要求学生完成解决印度农村地区卫生问题的工程方案，并且确保方案适应当地经济、环境、社会、政治、伦理和文化条件[2]。该课程涵盖三个课程设计：第一，学生与印度合作专家每周视频联系，连接道德学习与设计工程方案，搭建产学合作的有效渠道。第二，要求学生阅读经济学、社会学等学科的著作，并在每周团队会议上讨论不同著作的研究方法和理论，逐步学会考虑卫生问题和相关技术的复杂性。跨学科的阅读和讨论使学生对技术和技术对社会、环境、道德的影响都有广泛思考，学习评估不同利益相关者的观点，并预见这些差异，从而提高学生的道德决策能力、复杂工程问题解决能力和创新意识。第三，课程重点是邀请学生和社区成员表达各自的价值观和目标，形成书面的"关怀陈述"（care statements），并共同创建解决方案。该课程还要求学生坚持写反思日记，不断反思"关怀陈述"，促使学生学习关心伦理并运用于实践，引导学生把控工程实践中复杂繁重的伦理情形。

总之，示范课程避免了单调的理论说教，通过设置体验式学习、主动思考、跨学科阅读和社区互动的结合，引导学生在全球化的背景下领悟工程的伦理意蕴和工程师的伦理责任，帮助学生迎接全球范围合作中多元文化、政治、经济和语言背景和伦理困境，更好地适应全球化。

# 三、工程伦理教育方法多样、创新

经过近五十年的发展，美国工程伦理教育方法可谓丰富多样，比如传统课程、在线课程、研讨会和讲习班等。在 NSF 的大力资助之下，近年来一些高校大胆突破和创新，工程伦理教育方法进一步拓展，呈现出多样性和创新性，如跨学科教师团队合作教学、角色扮演、互动教学、在线伦理游戏、工程师和校友的参与、使用校友导师等新兴教育方法都得到了有效尝试。

## 1. 延伸、超越传统案例学习，提高道德推理能力

案例研究是美国工程伦理教育中得到广泛应用的传统内容，但案例研究的有效性仍有欠缺，案例研究方法有待改革。普渡大学的跨学科（工程、通信和伦理学）团队开发了一个创新性交互式网络学习系统，用于示范课程"工程伦理反思与互动课程"。该学习系统包括元模块和四个案例模块。元模块重在教授反思原则（reflexive principlism），让学生学习使用自主、不伤害、仁慈和正义四个核心伦理原则。反思原则是在医学专业中得到有效应用和充分发展的道德推理方法。四个案例模块涵盖了土木、电气、机械等工程学科和工程灾难、设备开发、新兴技术等领域的案例，设计了运用反思原则研究案例的过程，即决策者对四个核心伦理原则确认、权衡和辩护过程，从而在工程设计过程中将反思和迭代的过程内化于心。案例模块包括 6 个学习阶段（表 2），每一阶段都指定了学习内容的类型和形式，以及促进教育目标所需的学习活动。随着学习阶段的深入，案例认知和道德的复杂性会增加，促使学生的道德推理达到更高水平[3]。

对该课程教学效果的定量和定性的评估表明，学生学习后的道德推理水平显著提高，特别是在识别、明确和辩解方面；学生对道德教育的满意度增加，特别是多媒体案例视频对提高学生参与度和提供新信息非常有效，学生互动讨论对于理解伦理、发展批判性思维和指导决策最为重要。可见，该课程提供的工程伦理推理框架使用复杂真实的伦理案例提高了道德推理能力，增加了学生解决工程伦理问题的灵活性，延伸和超越了传统案例分析，被认为具有广泛的学科适用性，教育方法可推广。

表 2　案例模块

| 学习类型 | 建立知识（1 天） | 观点选择（2 天） | 比较与对比（3 天） | 引发冲突（1 天） | 辩护与决策（2 天） | 反思（3 天） |
|---|---|---|---|---|---|---|
| 内容 | 了解案例的方案、事实和专家信息 | 调查利益相关者的观点 | 分析利益相关者观点 | 学习共同伦理原则 | 陈述辩论理由；了解技术伦理学家的意见 | 对反思原则的运用和平衡的反思 |
| 形式 | 多媒体视频和文本 | 响应性写作、写日记 | 文本、语音、视频 | 技术专家、伦理专家的陈述（视频、幻灯片、文本） | 现场辩论、网络视频会议和记录声明 | 文本、语音、视频 |
| 学习活动 | 叙事 | 反思 | 讨论 | 听、读 | 辩论 | 元反思 |
| 教师参与 | 低 | 低 | 中等 | 低 | 高 | 低 |

### 2. 引入角色扮演等新方法，突出教育方法的交互性

大多数研究者认为，有效的伦理教育方法最重要的特征是交互性[4]，而交互性正是教育游戏的最大优势，伍斯特理工学院示范课程"过去和现在的人道主义工程：第一年课程中的角色扮演"便是运用伦理游戏的典型代表[4]。该课程第一环节是第一学期的角色扮演游戏，学生们扮演 19 世纪城市卫生项目中的科学家、工程师、商人和工人，在学习工程技术的过程中认识导致技术方案复杂化的现实原因。为实现工程目标，学生进行定性和定量研究，寻找潜在盟友，并谈判权衡。课程活动包括确定工程问题，并决定采取什么行动（如提出不同的污水工程设计方案）。第二环节中，教师启发学生讨论、审视工程中的不同观点，学生提交一篇描述技术和非技术因素相互作用和道德选择的论文。第三环节是第二学期的团队设计项目，要求学生在当代背景中实践所学内容（如提出解决发展中国家卫生或饮水问题的工程方案）。通过以上环节，该课程实现在复杂的社会环境中教导工程内容，让学生体会道德是工程实践的一部分，在经济实力、社会福利和可持续发展之间如何权衡。课程还训练了美国工程与技术认证委员会（ABET）要求的多项学习成果：口头、书面和视觉传达能力；与多学科团队合作的能力；分析和解释数据的能力；对专业和道德责任的认识；在全球经济、环境和社会背景下理解工程解决方案的影响[1]。

当然，设计优秀的伦理教育游戏颇具挑战性，相关的一系列问题都有待探索，诸如如何协调学习和乐趣，是否应该允许不道德行为作为游戏战略，如何评估游戏培养伦理技能的效果，以及如何将游戏融入工程课程。尽管如此，游戏在互动和参与度方面的教育优势不容忽视，可以有效地帮助学生成为负责任的工程专业人士。

## 四、工程伦理教育效果可测、可评

教育效果缺乏明确的测量方法和手段一直是困扰工程伦理教育的难题，示范课程在这方面进行了颇有成效的尝试。ABET 标准 3 规定，"广义的教育需要在全球经济、环境和社会背景中理解工程解决方案的影响"[5]。为测量课程是否满足该标准，"全球工程师教育课程"研究人员开发了一个专门的评估工具——全球准备度效能（Global Preparedness Efficacy，GPE）。基于杜威的交互理论（transactional theory）、从学中做（learning through doing）的学习观和津巴多的突变论理论（discontinuity theory），研究人员通过统计学生反思日记中记

载的不连续事件、最终解决和未解决的不连续事件的数量，来评估课程的有效性。从非连续论的视角考察，不连续事件制约学生的学习水平，如果不连续事件被解决，则表明学习有了进展。GPE 是已解决的不连续事件和全部不连续事件的数量比例，比例越大表明教学效果越好。GPE 反映把握问题的能力和创造性解决问题的能力。

评估显示，在测试班级 16 名学生的 334 篇日记中，发现 130 个不连续事件，表明示范课程实现了促成学生体验跨越文化、社会、经济、语言和地理差异的工作现实的教育目标。其中 107 个不连续事件被解决，GPE 为 0.82。GPE 的应用还可以监控课程中学生的经历和进步，便于教师分析学生出现不连续性的原因，这有助于课程创新。正是基于 GPE 的测评，"全球工程师教育课程"被认定为一个有效帮助工程学生迎接全球化挑战的课程。其他的示范课程和项目也都对教学效果进行了定性或者定量的评估，评估方法各不相同，展示出美国工程伦理教育在测评教学效果方面提出了不少方法，取得了不少进展。

# 五、结　语

我国工程伦理教育起步较晚，教育理念相对滞后，教育模式比较单一，教育方法较为有限，教育效果有待提升，远远不能满足现代工程发展对工程人才的要求。美国工程伦理教育的进展带给我们以下启示：第一，工程伦理教育内容务必突破单纯的理论传授，积极创设真实的工程伦理案例环境，让学生在鲜活复杂的案例探索中进行深度学习，为解决工程伦理困境打下坚实基础；第二，工程伦理教育方法必须不断开拓创新，力求多样性，传统的案例学习需要更加规范科学，角色扮演、伦理游戏等交互性的新方法值得探索；第三，教育效果测评方法的研究是不可或缺的环节，运用科学测评方法有助于提升工程伦理教育水平。

# 参 考 文 献

[1] Infusing Ethics Selection Committee, Center for Engineering Ethics and Society, National Academy of Engineering. Infusing ethics into the development of engineers: exemplary education activities and programs[M]. Washington DC: the National Academies Press, 2016.

[2] HARIHARAN B, AYYAGARI S. Developing global preparedness efficacy[M]// New developments in engineering education for sustainable development. Cham, Switzerland: Springer International Publishing, 2016.

[3] KISSELBURGH L, ZOLTOWSKI C, BEEVER J, et al. Effectively engaging engineers in ethical reasoning about emerging technologies: a cyber-enabled framework of scaffolded, integrated, and reflexive analysis of cases[C]// American Society for Engineering Education. 2013.

[4] BRIGGLE A, HOLBROOK J B, OPPONG J, et al. Research ethics education in the STEM disciplines: the promises and challenges of a gaming approach[J]. Science and engineering ethics, 2016, 114(1):1-14.

[5] ABET. Criteria for accrediting engineering programs, 2012–2013[EB/OL]. [2022-04-12]. http://www.abet.org/DisplayTemplates/DocsHandbook.aspx?id=3143.

**作者简介：**

陈柯蓓（1978—　），女，硕士，重庆交通大学马克思主义学院讲师，研究方向：工程伦理。

周开发（1965—　），男，硕士，重庆交通大学土木学院副教授，研究方向：力学。

# 结合费曼技巧的研究生"工程伦理"
# 教学方法研究和实践<sup>①</sup>

曹　晖，曹永红

（重庆大学土木工程学院，重庆　400045）

**摘　要：** 工程伦理是目前高校研究生的必修课，对培养研究生职业道德有着重要的作用。为了让学生通过这门课程的学习，能真正领悟伦理道德对工程职业的约束，提升学习能力，锻炼文字和口头表达能力，我们基于学习金字塔理论，设计了以结合费曼技巧的翻转课堂为核心、课堂讨论为重点、预习检查和备课指导为重要督促手段的教学方法。教师从传统课堂的主讲，转变为指导学生备课和讲课、督促学生预习、引导课堂讨论的角色。两届学生的教学实践表明，该方法效果良好。学生讲课的形式多样、生动有趣，并积极参与课堂讨论。结课后的问卷调查反映出同学们对课程的认可度很高，在知识学习和能力培养两方面都有很大收获。

**关键词：** 翻转课堂；费曼技巧；工程伦理；学习金字塔

## 一、研究生课程学习现状：存在的问题

作者所在学院的研究生培养方案对研究生能力培养提出的要求是：具备与他人合作的能力；具备良好的学术表达和交流的能力；一定的组织协调能力和良好的国际视野；继续学习的能力和动力。这些能力的培养，不完全依赖于研究生做研究、做实验、开组会、写论文和参加学术会议等环节。课程学习也是培养能力的重要机会。但是当下研究生的课程学习，与本科生的学习类似，并没有对其能力培养起到应有的作用。究其原因，存在以下两个方面的问题。

### 1. 传统的授课方式对学生的能力和素质培养效果有限

根据研究生培养方案，研一期间主要进行课程学习。本专业研究生的课程大多为技术类课程，难度大，教师所采用的方法基本以讲授为主。由于课时有限，教师通常是抓紧时间把课程的知识点讲完，很难有时间增加更多与实际应用相关的内容。学生学习的考核方式只有考试和考查两种，均着重于知识的掌握，无法检验学生对知识的实际应用效果。

可见，研究生目前的课程教学很难达到培养学生的能力和素质的目标。

### 2. 任课教师对于课程改革的动力不足

研究生课程的难度较大，加之在研一的课程学习期间，学生可能会参与导师的各项课

① 资助项目：重庆大学研究生教改项目（cquyjg20337）；重庆大学"工程伦理"课程建设项目（02180011120033）。

题研究，因而花在课程学习上的时间相应减少。这使得任课教师受制于学生有限的学习时间和课程难度，实施课程改革更不容易。

此外，通常认为研究生的各项能力可以在跟随导师做课题研究的过程中，逐步培养起来。鉴于此，相比于本科生课程改革，研究生课程的任课教师对于旨在培养研究生能力的课程改革动力不足。

因此，对于主要以课程学习为主的研一阶段，教师和学生往往都不够重视。研究生的课程质量不容乐观。研究生的素质相对本科生而言通常更好，任课教师不利用这个优势促使学生在课程学习中进一步提升学习能力，是极大的遗憾。

一些学校和教师为改进研究生教学进行了有益的尝试。澳大利亚查尔斯特大学改变以学科知识体系进行课程设计的传统，基于项目学习和"主题树"在线学习进行课程设计[1]。王海军等[2]在研究生课程"数值分析"的教学中，从实际问题出发，将工程应用案例引入课堂教学。邓志姣等[3]在为跨学科的工科学生开设的"量子物理"课程中，针对工科学生的特点，重新进行课程设计，在弱化数学推导、加强科教融合、注重学科交叉以及利用物理学史育人几个方面进行了有效尝试。肖俊华等[4]根据"弹性力学"课程的特点和定位，制定了适合机械类研究生的教学目标，旨在调动学生的兴趣和主动性，提高教学质量和教学效果。黄进等[5]针对控制类专业研究生，进行了"数字图像处理"课程的教学改革。

"工程伦理"是专业硕士研究生的必修课，对培养研究生的职业道德起着重要的作用。选择工程伦理进行教学改革，不仅能让学生扎实学习工程伦理的知识，并且对提高研究生的学习能力、学术交流能力和表达能力都大有裨益，可谓一举多得。

# 二、学 习 理 论

## 1. 学习金字塔

学习金字塔是美国缅因州的国家训练实验室的研究成果，由学习专家埃德加·戴尔（Edgar Dale）于 1946 年提出。它形象地呈现了学习者采用不同的学习方式，在两周以后还能记住的学过内容的多少（平均学习保持率），见图 1。

图 1　学习金字塔

从学习金字塔可以看出，即使以知识传授为目标的学习，仅靠讲授知识，包括示范和演示，平均学习保持率至多能达到 30%。而平均学习保持率在 50% 以上的，都是团体的主动学习。位于金字塔塔底的"教别人"，效率高达 90%，其原理和做法将在后面的费曼技巧中详述。

在学习中，知识可分为显性知识和隐性知识。显性知识指的是可以通过文字、图表、公式、手册等表述的知识，这些知识很容易在个体之间传播。隐性知识则是一种策略性的元知识，是"如何利用知识解决问题"的策略，是个人信念、看问题视角和价值体系等学生自己不易觉察的隐形要素[6]。

在团体学习中，学生更容易进行隐性知识的学习。

学习金字塔的原理对于课程策划很有帮助。在教学中放入团体学习的元素，可以让学生更好地掌握知识和应用知识。

### 2. 费曼技巧

美国诺贝尔物理学奖得主费曼教授总结了一套学习方法，即著名的"费曼技巧"。费曼技巧的主旨是采用教别人的方式让自己学会知识，是学习金字塔中效率最高的方式，平均学习保持率达到 90%。

费曼技巧的步骤：

（1）选择一个想理解的概念。找一张白纸、写下标题—准备进入状态—真正感觉自己要讲课了。

（2）假装在教某人。入戏。假想一个学生，想象他的年龄、身份、场景，然后给他上课。当你一次次去讲解的时候，你会对自己理解了什么，误解了什么，还差什么，有所感悟。

（3）如果遇到问题，停下来翻书。当你讲不下去的时候，返回看学习资料，重新学一遍。一直到自己能讲通顺为止。

（4）简化语言。不要用书本上的术语，使用自己的语言。如果你还在用生僻词汇，或者解释不清楚概念，说明你没有真正理解。试着简化语言，或者打个比方，让自己真的明白。

# 三、"工程伦理"课程设计

一些高校教师在本科生教学中采用费曼技巧进行教学改革的探索[7-9]，取得了良好的效果。为了解决前述研究生课程学习中存在的问题，作者根据金字塔学习理论和费曼技巧，研究设计了结合预习检查、课堂讨论和教师点评的翻转课堂教学方法，并在连续两届研究生工程伦理教学中实施了该教学方法。

### 1. 翻转课堂，以讲促学，锻炼学术表达能力

依据学习金字塔理论，为了教别人而进行的学习，是效率最高的学习。因此，翻转课堂，即让学生上台讲解，是目前高校采用较多的一种教改方式，不少本科生课程采用了翻

转课堂教学方式[10-12]。这既能让学生通过讲课来学习知识,还能锻炼其学术(包括口头和文字)表达能力。

按照"工程伦理"16 学时的安排,将全班同学分为七个小组,每个小组负责一章内容的讲解,每一章两个学时。小组每一位成员都要求上台讲课。讲课效果由全班同学和教师一起评分,同学评分的平均分和教师评分按权重相加,计入平时成绩。课程成绩由平时成绩和课程论文成绩两部分构成。平时成绩包括讲课成绩、预习成绩、课堂讨论成绩等。

第一章由教师讲解,主要是给学生起示范作用,并结合知识点讲解如何在备课时应用费曼技巧,达到理解和掌握知识的目的,提升讲课的效果。

### 2. 预习检查,促进主动学习

实践表明,单纯的翻转课堂,教学效果往往并不令人满意。因为学生的教学经验几乎为零,学生讲课肯定不如老师讲课效果好。学生通常只对自己要讲解的知识内容进行准备,而其余的部分,则没有动力通过备课来学习。因此讲解的同学学懂了自己讲解的部分,听同学讲解的部分学得不好。

为了弥补单纯翻转课堂的不足,有必要采取措施督促学生主动学习自己不讲解的那些知识。作者设计的教学方法中,课前预习是一个重要环节。在课前预习的基础上,再听同学讲解预习过的内容,就更容易理解。为了督促学生课前预习,针对预习的内容准备若干问题,在每次上课的前十分钟进行提问。提问采用随机抽点的方式,并且对回答的学生进行评分,作为平时成绩的一部分。

### 3. 备课指导,提升讲课效果,培养组织协调能力

为了帮助学生提升讲课效果,首先,要求各小组集体备课,制作 PPT 和思维导图,准备案例和讨论的问题。其次,要求小组集体试讲,小组成员互相点评,讨论改进。小组集体备课、试讲和相互点评,是培养与他人合作的能力和组织协调能力的好机会。

在备课和试讲过程中,费曼技巧的应用是关键。教师通过 QQ 群与小组成员进行交流,指导他们按照费曼技巧的步骤进行学习和备课,一则加深自己对本章知识的理解,二来提高讲解的水平。

在第二届研究生"工程伦理"的教学中,对学生备课增加了一个要求。各小组录制试讲视频,发给教师。教师观看视频以后,在 QQ 群里对每一位小组成员进行点评,指出其表达的不足之处,再次督促其在准备和讲解中采用费曼技巧,提升讲课的效果。

### 4. 案例分析,课堂讨论,激发深度思考和学习动力

学习金字塔中,小组讨论的学习保持率达到了 50%。小组讨论是对课堂的主动参与,而非被动听课是教学改革中重要的一个环节。讲课的同学在讲解了章节知识点之后,对一个案例进行分析,然后提出几个问题。各小组围绕案例,结合知识点进行讨论,然后派代表发言,给出本组对这些问题的理解和解决思路。根据讨论和发言的情况,教师进行评分,计入平时成绩。

课堂讨论中,教师适时进行点评,启发学生进行更深或更宽的思考和讨论。

综上所述，作者设计的工程伦理课程教学方法中，基于费曼技巧的翻转课堂是核心，课堂讨论是重点，预习检查和备课指导是重要的督促手段。

# 四、教学方法实施的效果

作者分别给两个班的研究生讲授工程伦理，在连续两届研究生教学中采用了上述教学方法。同学们在课堂上表现积极，不少同学备课充分，讲解生动。案例分析环节，有些小组还采用了表演的方式，生动有趣。课堂讨论的气氛热烈，同学参与度很高。

PPT 中文多图少是容易出现的不足，但也有一些小组 PPT 做得简洁，图文并茂。一些同学声音比较小，背对听众，时间控制不好，这些问题在教师提醒下基本得到改进。尤其是对第二届同学，通过观看试讲视频，教师对 PPT 中的问题和讲解的问题进行了指导，在正式上课前解决了很多问题。

为了获得教学方法实施效果的一手资料，作者设计了结课后的问卷调查，针对翻转课堂、预习检查、案例讨论等各环节搜集学生对教学方法的反馈意见。前后两届分别有 44 位和 81 位同学填写了问卷。下面从几个方面展示问卷统计结果。

## 1. 关于翻转课堂

对翻转课堂的意见，问卷采用多选项，各选项综合两届学生的回答统计结果如表 1 所示。从表 1 可见，62%的同学感觉翻转课堂更提升学习效果，61%的同学认为研究生课程里采用翻转课堂的课程少，值得尝试。只有 13%的同学认为传统讲授方式更好，极少数同学不接受翻转课堂。可见，作为本课程核心的翻转课堂的设计，得到了大部分同学的认可，取得了更好的教学效果。

表 1　对翻转课堂的意见

| 选项 | 人数 | 占比/% |
| --- | --- | --- |
| 研究生的课程里翻转课堂少，这是很好的尝试 | 76 | 61 |
| 这门课程使用翻转课堂，我觉得更提升学习效果 | 77 | 62 |
| 这门课程如果用传统的讲授方式，我觉得会更好 | 16 | 13 |
| 这门课程如果用传统的讲授方式，对我会没有吸引力 | 7 | 6 |
| 这门课程使用翻转课堂，我是不接受的，但老师要用，我也没有办法 | 4 | 3 |
| 其他 | 3 | 2 |

## 2. 关于预习检查

关于预习的多选项问题，综合两届同学的回答进行统计，结果如表 2 所示。54%的同学感觉预习以后听同学讲课，效果更好。46%的同学在老师的要求下养成了预习的习惯。24%的同学因为课上有检查，不得已才预习。从表 2 可以看出，经过本科四年的学习，接近一半的同学没有养成主动学习的习惯，也可能是因为对"工程伦理"没有足够的重视。由此可见本课程设置的预习检查，起到了促进同学们主动学习的作用，弥补了单纯翻转课堂的不足，提升了学生的学习能力。

表 2　对预习检查的意见

| 选项 | 人数 | 占比/% |
|---|---|---|
| 因为老师有要求，让我养成了预习的习惯 | 58 | 46 |
| 预习后听同学讲课的效果更好 | 67 | 54 |
| 因为每次上课有预习检查，我不得不预习 | 30 | 24 |
| 我有时候事情多，没有时间预习 | 26 | 21 |
| 不是因为事情多没时间预习，是没有意识要预习，所以有时会忘了 | 16 | 13 |
| 如果老师不测试，我肯定不会预习 | 11 | 9 |
| 我习惯预习，我没觉得预习对我有困扰 | 19 | 15 |
| 没有预习听同学讲课，也一样能明白本章内容 | 7 | 6 |

### 3. 关于案例分析和课堂讨论

案例分析和课堂讨论对学习章节知识的帮助，评分 10 分为满分。综合两届学生的回答，90%的同学认为案例分析对学习章节知识很有帮助，给出了 8 分以上的评分。81%的同学认为课堂讨论对章节知识的理解大有裨益，评分 8 分以上。这说明作为课堂重点的案例分析和讨论，激发了大家讨论的热情，对学习的推动效果显著，受到同学们的欢迎。

### 4. 关于学习知识的帮助和学术表达能力的锻炼

关于讲课对学习的帮助，问卷设置为"你对自己讲课的那一章内容相比其他章节的内容，学习效果提高"，满分为 10 分。上台讲课对锻炼学术表达能力的效果，满分为 10 分。综合两届同学的回答，88%的同学感觉讲课对学习的帮助很大（评分 8 以上），可见基于费曼技巧的通过讲述的主动学习，成效非常显著。91%的同学认为上台讲课非常有助于锻炼表达能力，给出了 8 分以上的评分。

### 5. 关于课程设计的满意度

关于课程设计接受度的多选项问卷统计结果如表 3 所示。65%的同学认为，虽然要多花时间，但备课和讲课的强度能够接受。57%的同学认为课堂调动了学生，对各项技能

表 3　对课程设计的接受度

| 选项 | 人数 | 占比/% |
|---|---|---|
| 学生要多花时间，不过一个组讲解一章的强度能够接受 | 81 | 65 |
| 学生调动起来，对于各项技能的学习非常有帮助 | 71 | 57 |
| 锻炼了沟通和协调能力，获得了上台讲课的经验，很有收获 | 60 | 48 |
| 比老师全堂讲授有趣 | 56 | 45 |
| 每次都很期待小组的案例分析，在讨论中收获很多 | 23 | 18 |
| 真正的以学生为中心的课堂 | 22 | 18 |
| 这种以讲促学的方式，学习效果很好 | 18 | 14 |
| 还不如老师用全堂讲授的方式，学习效果更好 | 4 | 3 |
| 我愿意自学，但确实没有时间 | 5 | 4 |
| 我从来不自学，这样的要求太高了 | 1 | 0.8 |

的学习很有帮助。48%的同学感觉除了知识的学习，还锻炼了沟通和协调能力，获得了上台讲课的经验，收获很大。45%的同学认为比全部由老师讲授更有趣。不到5%的同学不接受这样的教学方式。

对两届同学对课堂满意度的评分统计显示，第一届同学中77%给出了8分以上的评分，但给10分的只有14%。教师针对第一届同学讲课质量的不足，在第二届同学备课时，要求各小组发送试讲视频给教师，教师对每位组员分别进行点评，强调费曼技巧的应用，督促其改进提高。第二届同学对课堂满意度的评分，8分以上占到了90%，42%的同学给出了10分。总之，学生对课程设计的认可度很高，教学效果良好。

# 五、结论与建议

针对当前硕士研究生培养中普遍存在的重科研、轻教学的问题，为了提升研究生的学习能力，利用"工程伦理"的教学，基于学习金字塔理论，作者设计了结合费曼技巧的翻转课堂，强调课前预习和课堂讨论。教师由传统课堂的主讲，转变为指导学生备课和讲课、督促学生预习、引导课堂讨论的角色。通过两届研究生的教学实践，证实了作者设计的教学方法不仅促进了学生对课本知识的学习，提升了其学习能力和与他人合作的能力，而且锻炼了学生的学术表达能力。这种旨在培养学生主动学习的教学方法，值得在研究生教学中推广。

研究生第一学年都在学习各门课程，如果仅少数几门课程进行教改，对提升学生的学习能力、培养其组织协调和学术表达能力，作用是不够的。本文的教改思路和实践，如果能引起研究生课程教师的重视，积极行动起来，这无疑将有益于研究生课程教改工作的推进。

# 参 考 文 献

[1] 王弘幸, 杨秋波. 以先进的理念引领工程硕士研究生教育改革——来自澳大利亚查尔斯特大学混合学习模式的启示[J]. 研究生教育研究, 2020(1): 91-97.

[2] 王海军, 陈兴同, 杨然. 基于问题与能力培养的"数值分析"课程教学改革与实践探析[J]. 高教论坛, 2020(2): 43-45.

[3] 邓志姣, 戴宏毅, 彭刚, 等. 跨学科研究生选修课的教学改革与实践——以"量子物理"为例[J]. 高等教育研究学报, 2019, 42(4): 105-110.

[4] 肖俊华, 常福清, 梁希. 机械类研究生"弹性力学"课程教改探索[J]. 教育教学论坛, 2020(7): 92-94.

[5] 黄进, 汪思源, 于双和, 等. 面向控制类专业的研究生"数字图像处理"课程教改探索[J]. 教育现代化, 2020, 7(20): 26-28.

[6] 古典. 跃迁: 成为高手的技术[M]. 北京: 中信出版社, 2017.

[7] 刘玥, 李官栩, 魏进红, 等. 费曼学习法在大学学风建设中的应用探索——以大一新生"高等数学"学习成绩为例[J]. 教育教学论坛, 2021(8): 120-123.

[8] 刘晨, 李姝佳. 大学生实践创新教学中的费曼学习法应用探讨——以东华大学步阅汽车协会为例[J]. 教育现代化, 2019, 6(91): 65-67.

[9] 吴玉辉. 费曼学习法在材料科学教学中的应用探索[J]. 科技创新导报, 2019, 16(29): 175-176.

[10] 黄莉. 移动互联视域下数字化建筑设计 I 翻转课堂教学模式探索[J]. 高等建筑教育, 2021, 30(4): 118-124.

[11] 王婷, 黎文婷, 杨文越. 融合 PBL 的翻转课堂在城市规划原理课程中的教学实践[J]. 高等建筑教育, 2021, 30(2): 113-119.

[12] 燕乐纬, 梁颖晶, 王菁菁, 等. "MOOC+翻转课堂"模式在理论力学课程教学中的实践与分析[J]. 高等建筑教育, 2021, 30(3): 114-119.

## 作者简介：

曹晖（1969—　），男，博士，教授，从事结构健康监测和结构施工期安全研究。

曹永红（1969—　），女，硕士，副教授，从事施工技术和施工组织管理研究。

# "工程伦理"课程学情分析及学习收获影响因素研究①

黄婷婷[1]，周克印[2]

（1. 南京航空航天大学人文与社会科学学院，南京　211106；
2. 南京航空航天大学高等教育研究所，南京　211106）

**摘　要：** "工程伦理"课程是提升工程专业学生综合素质的重要途径，其学习质量直接影响学生的发展。本文以某具有较强行业特色高校专业学位研究生为研究对象，分析工程伦理课程的教学体验、学习态度、学习收获以及对课程认知的现状和特征，探索学习收获的影响因素。研究结果显示，工程伦理课程具有良好的学情基础，学习收获受到学生年级、线上学习观和读研动机的显著差异性影响，课程认知和学习态度是影响学生工程伦理学习收获感的重要因素，而教学体验是影响学习收获的最关键因素。因此，应采用混合教学模式，综合运用多种教学方法，把工程伦理纳入专业课程体系中，建立学生对课程的良好认知，充分发挥工科思维的作用，构建多样化的学习评价体系，持续提升课程教学质量。

**关键词：** 工程伦理；学情分析；学习收获

工程伦理教育是工程教育的重要组成部分，自从肖平教授于 2000 年在西南大学首次开设工程伦理课以来[1]，该课程进入中国高校已有二十余载。目前，全国已有包括清华大学、浙江大学、西南交通大学、北京科技大学、大连理工大学等 22 所高校将工程伦理课程列入工程硕士研究生培养方案中[2]。学情分析是教学的起点和基础，学生的学习收获是衡量教学效果的关键因素，了解学情、顺应学情是教学永葆活力和张力的重要保证，但关于工程伦理课的学情究竟如何的实证研究尚微。实证调查工程伦理课选修研究生的课程学习情况能切实反映出课程建设中存在的问题，进而提出具有针对性的改善建议[3]。因而，从实证的角度厘清高校工程伦理课学生的学情现状以及探索学习收获的影响因素十分必要。

学情，是指学习者在某一个单位时间内或某一项学习活动中的学习状态，它包括学习兴趣、学习习惯、学习方式、学习思路、学习进程、学习效果等诸多要素[4]。结合选修工程伦理课的研究生的学习实际情况，本研究中的学情主要包括课程认知、教学体验、学习态度和学习收获四个维度。学习收获在本文中指学生通过课程学习，在工程伦理知识、技能和情感态度价值观等方面取得的改变和发展。

---

① 资助项目："学习者中心"视角下的课程评估消极因素研究（2021-Y11）；面向知识创新过程的教学评价研究（YB007）。

# 一、研 究 设 计

## 1. 研究问题

通过问卷调查采集工程伦理课有关学情的数据，运用统计分析方法揭示理工类硕士在工程伦理课的教学体验、学习态度、学习收获以及对课程认知的现状和特征。此外，尝试找出影响高校工程伦理课学习收获的因素。最后，构建学习收获与课程认知、教学体验以及学习态度之间的回归模型，进一步研究不同因素对工程伦理学习效果影响的内在机制。

## 2. 研究工具

本研究调查所用的问卷设计主要采用《国家大学生学习情况调查问卷》的课堂体验量表和《全国研究生学习体验调查问卷》学习态度和收获自评量表，问卷分 4 个维度设计题目 29 道，完成后进行了 35 份样本小范围的施测，预调查结果显示问卷具有良好的信效度。量表的单选题采用 Likert 6 级式量表，由"完全不符合"到"完全符合"共计 6 个等级，分别赋值"1"到"6"，反向问题则进行反向计分的处理。使用 SPSS 26.0 进行信效度分析，结果表明问卷具有较高的信度和效度。

## 3. 研究对象与调查样本

本文主要以 N 校修读工程伦理课的研究生为调查对象，N 校是一所以理学、工学类学科和理工类专业为主的具有航空航天特色的高校。调查运用网上问卷的方式进行数据收集，采用简单随机抽样的方法调查了 N 校的 10 个理工类学院。问卷回收的有效样本容量 256 人，研究生一年级 174 人，二年级 73 人，三年级 9 人；男生 208 人，女生 48 人。样本男女比例符合学校总体特征，覆盖所有年级，因此样本具有良好的代表性。

# 二、研究结果分析

## 1. 高校工程伦理课的学情现状

由表 1 可以发现，专业学位研究生对工程伦理课的课程认知、教学体验、学习态度、学习收获以及总体情况的平均评分在 4.144～4.473，说明 N 校工程伦理课整体上具有良好的学情基础。另外，整体而言，学情的总体情况、学生对课程的认知、教学体验、学习态度以及学习收获均呈现正态分布。

但进一步分析各项差异可以发现，学生对工程伦理课程重要性认同程度最高，认为学习工程伦理有关的知识是非常重要的，并且会对未来的职业发展产生极其重要的作用。但值得注意的是，"英语课比工程伦理课重要"的均值为 2.920（M=2.920，SD=1.443），也就是说学生认为工程伦理课是重要的，但当与其他课相提并论的时候其重要性并不十分凸显。

表1 工程伦理课学情总体特征

| | 人数 | 最小值 | 最大值 | 均值 | 标准差 | 符合度百分比/% |
|---|---|---|---|---|---|---|
| 课程认知 | 256 | 1.000 | 6.000 | 4.473 | 0.810 | 69.46 |
| 教学体验 | 256 | 1.556 | 5.444 | 4.144 | 0.564 | 62.88 |
| 学习态度 | 256 | 1.000 | 6.000 | 4.283 | 0.878 | 65.66 |
| 学习收获 | 256 | 2.000 | 5.600 | 4.276 | 0.592 | 65.52 |
| 平均分 | | 1.714 | 5.643 | 4.390 | 0.650 | 67.80 |

学情得分最低的维度为教学体验，因为学生对工程伦理的教学体验的平均分和标准差最低（$M=4.144$，$SD=0.564$），说明学生的教学体验不佳，并且学生的评分也最为集中。同时，学习收获的分数紧随其后（$M=4.276$，$SD=0.592$），说明学生对工程伦理的学习收获的评价相对较低。

在工程伦理的学习方法方面，受到学生喜爱的前三种分别是案例研究法、听讲法和项目学习法（表2）。无论是听讲法，还是项目学习法或案例研究法都具有较高的学习产出效率，由此可以发现N校学生在学习习惯和学习方法上以产出和功效性为导向，呈现出典型的工科思维特征。

表2 学生最喜欢的工程伦理学习方法

| 学习方法* | 人次 | 百分比/% | 个案百分比/% |
|---|---|---|---|
| A. 听讲法 | 162 | 27.1 | 59.4 |
| B.角色扮演法 | 63 | 10.5 | 21.8 |
| C.案例研究法 | 173 | 28.9 | 66.2 |
| D.项目学习法 | 102 | 17.1 | 40.6 |
| E.小组讨论法 | 52 | 8.7 | 26.3 |
| F.专题讨论法 | 31 | 5.2 | 13.5 |
| G.汇报法 | 15 | 2.5 | 6.0 |
| 总计 | 598 | 100 | 233.6 |

* 使用了值1对二分组进行制表。

## 2. 学习收获的影响因素分析

从学生的人口统计学变量、家庭背景和学习背景三个方面对学习收获进行T检验或单因素ANOVA分析。其中，性别、年龄、民族作为人口统计学方面的自变量，生源所在区域、家庭所在地作为家庭背景方面的自变量，选读的专业、学习阶段、年级、学生身份、专业读研动机以及线上学习观作为学习背景方面的自变量，因变量为学习收获。具有显著性水平影响的检验结果见表3。

由表3可知，线上学习观对学生学习收获感的差异化影响达到非常高的显著性水平（$T=8.428$，$P=0.000<0.001$）。进一步分析可以发现，线上学习有益观的研究生（$M=4.449$，$SD=0.499$）的学习收获感高于线上学习无益观的学生（$M=3.835$，$SD=0.584$），并且前者的学习态度离散程度也更低，评分更为集中。

表 3    年级、线上学习观、读研动机对学习收获的影响分析

| 变量 | | 个数 | 平均值 | 标准差 | $T/F$ | $P$ | 方差齐性检验 |
|---|---|---|---|---|---|---|---|
| 年级 | 一年级 | 174 | 4.334 | 0.560 | $3.161^*$ | 0.044 | $F$=2.061 $P$=0.129 |
| | 二年级 | 73 | 4.130 | 0.668 | | | |
| | 三年级 | 9 | 4.333 | 0.300 | | | |
| 线上学习观 | 有益 | 184 | 4.449 | 0.499 | $8.428^{***}$ | 0.000 | $F$=0.053 $P$=0.819 |
| | 无益 | 72 | 3.835 | 0.584 | | | |
| 读研动机 | 职业前景好，未来收入高 | 80 | 4.345 | 0.577 | $2.310^*$ | 0.027 | $F$=1.014 $P$=0.422 |
| | 实现自身价值 | 51 | 4.310 | 0.570 | | | |
| | 热爱科学研究 | 16 | 4.319 | 0.580 | | | |
| | 对本专业有浓厚兴趣 | 19 | 4.247 | 0.880 | | | |
| | 取得更高学历 | 61 | 4.298 | 0.511 | | | |
| | 回避就业压力 | 15 | 3.820 | 0.598 | | | |
| | 应家人要求或受朋友影响 | 4 | 4.675 | 0.465 | | | |
| | 随大流从众读研 | 10 | 3.930 | 0.337 | | | |

注：$^*P<0.05$；$^{**}P<0.01$；$^{***}P<0.001$。

不同年级在学习收获方面具有显著性差异（方差齐性检验 $F$=2.061，$P$=0.129＞0.05，显著性检验 $F$=3.161，$P$=0.044＜0.05）。其中，二年级研究生的学习收获感稍弱，评分也最为分散（$M$=4.130，SD=0.668）。

学生选择本专业读研的动机对工程伦理的学习收获具有显著性差异（方差齐性检验 $F$=1.014，$P$=0.422＞0.05，显著性检验 $F$=2.310，$P$=0.027＜0.05）。具体而言，因受到家人要求或朋友影响而选择读研的学生在工程伦理课上的学习收获感最强（$M$=4.675，SD=0.465）；而"回避就业压力"型学生的学习收获评分均值最低（$M$=3.820，SD=0.598），分值介于"基本不符合"和"基本符合"之间，说明他们的学习收获感最弱，且处于波动状态。

### 3. 学习收获的回归模型

根据学习收获与课程认知、教学体验和学习态度的相关分析（表 4）可知，工程伦理课的学习收获与学生对课程重要性认知、教学体验以及学习态度之间呈现显著性相关。

表 4    课程认知、教学体验和学习态度与学习收获的相关性分析

| | 课程认知 | 教学体验 | 学习态度 | 学习收获 |
|---|---|---|---|---|
| 课程认知 | 1 | | | |
| 教学体验 | $0.554^{***}$ | 1 | | |
| 学习态度 | $0.595^{***}$ | $0.715^{***}$ | 1 | |
| 学习收获 | $0.646^{***}$ | $0.737^{***}$ | $0.786^{***}$ | 1 |

注：$^*P<0.05$；$^{**}P<0.01$；$^{***}P<0.001$。

具体表现为：教学体验与学习收获之间呈现显著性正相关,相关性十分紧密($r$=0.737>0.7,$P$=0.000<0.001);课程认知与学习收获之间具有显著正相关,相关性比较紧密(0.4<$r$=0.646<0.7,$P$=0.000<0.001);学习态度与学习收获之间同为显著正相关且相关性最强($r$=0.786>0.7,$P$=0.000<0.001)。

因此,可做进一步的回归分析,以学习收获为因变量,以课程认知、教学体验和学习态度为自变量分别带入回归方程,依次增加变量,分析结果中模型三的三个自变量的累计预测力高达70.9%,具有非常高的解释力度。具体如表5所示。

表5　课程认知、教学体验和学习态度对学习收获的回归分析

| 模型 | 变量 | $R^2$ | 调整后 $R^2$ | 德宾-沃森值 | $F$ | $B$ | $T$ | 共线性统计 | |
|---|---|---|---|---|---|---|---|---|---|
| | | | | | | | | 容差 | VIF |
| 三 | 常量 | 0.709 | 0.705 | 1.904 | 204.504 | 0.986 | 6.359 | | |
| | 学习态度 | | | | | 0.298 | 8.556 | 0.432 | 2.313 |
| | 教学体验 | | | | | 0.315 | 6.023 | 0.464 | 2.157 |
| | 课程认知 | | | | | 0.158 | 4.983 | 0.612 | 1.633 |

根据表5可以发现,模型三的德宾-沃森值为1.904,介于1.9与2.0之间,说明变量的自关性弱,可以保证样本的独立性,而且变量之间不存在多重共线性(VIF=2.313<5,VIF=2.157<5,VIF=1.633<5),残差基本上呈现正态分布,说明回归模型具有较优良的模拟度。

因此,课程认知、教学体验和学习态度对学习收获的多元线性回归方程为:学习收获=0.986+0.315×教学体验+0.298×学习态度+0.158×课程认知。即学生越认同工程伦理课的重要性、学习态度越积极、教学体验越佳,其学习收获就会越高,同时值得注意的是,工程伦理课的教学体验这一变量对研究生学习收获的影响系数是最大的。

# 三、结论与对策

通过差异性分析的方法检验学习收获的影响因素发现:高校工程伦理课的学习收获受到学生年级、线上学习观和读研动机的显著性影响;通过回归分析研究课程认知、教学体验和学习态度对学习收获的影响发现:学习收获与学生对工程伦理课重要性认知、教学体验和学习态度呈现较强的正相关,其中,课程认知和学习态度是影响学生工程伦理学习收获感的重要因素,而教学体验是影响学习收获的最关键因素。另外,N校学生虽然对工程伦理课的认知和学习态度都比较好,但学习收获却很低,这一情况在本文中的回归模型中得到很好的解释,正是偏低的教学体验评价导致研究生的学习收获感较差。基于研究结果与N校的教学实际情况,本文尝试性地为提高工程伦理课的教学效果提出对策和建议。

## 1. 采用混合教学模式,综合运用多种教学方法

N校的工程伦理课为自主开发的校本课程,但所有的教学活动主要通过线上平台慕课进行开展,作为工程伦理教学活动的两大主体——教师与学生之间的互动与交流完全依赖

于"网络一线牵"。应充分了解和尊重学生的学情现状和特征，认识现有教学模式的局限和不足，因势利导顺势而为，采用线上和线下相结合的教学模式，开展线下的工程伦理教学活动，为工程伦理教师开展情景模拟、小组合作、项目式学习等教学方法提供可能和条件。让师生之间的交流与互动不再仅限于单方面的"刷课"和课后跟帖，打破线上课堂的沟通壁垒，营造良好的师生和生生之间的互动与交流环境，构建工程伦理教与学的"真实"参与感和同频共振，进而改善学生的工程伦理课程教学体验。

### 2. 纳入专业课程体系中，建立学生对课程的良好认知

虽然工程伦理教育在理工类研究生的培养中越来越重要，但在实际工程教育实践中却经常居于次要地位，或者处于整个专业课程体系中的边缘位置，而不是各专业课中的一个结构化科目。理工类高校的工程伦理课程与教学建设正处于起步阶段，良好的开端是成功的一半，应将工程伦理课纳入学生的核心专业课程体系中，在广大理工科生中普遍树立工程伦理课是一门重要的专业课程的认识，而非一门无关紧要流于形式的"水课"或者"刷分课"。通过课程的重新定位让学生建立对工程伦理课的良好认知，学生自然而然会端正学习态度，投入更多的时间和精力学习。学生因此将获得更高的学习收获感，进而更进一步认同课程的重要性，形成良性循环。

### 3. 充分发挥工科思维的作用，构建多样化的学习评价体系

理工类专业的学生在学习方法和学习习惯上表现出明显的工科思维，寻求快速解决问题和学习成果的输出。应充分尊重和发挥学生所学即所出的学习心理，构建量化评价与质性评价相结合的立体化评价体系，在单元测试和大报告的基础上增加表现性测验的使用，例如：采取角色扮演的情景剧作为结课考核的质性评价，一方面深化了学生对工程伦理知识的综合应用，是融合知、情、意、行的最终"作品"，真实展现学生对工程伦理冲突的理解能力、风险评估能力和解决能力；同时，有益于学生突破未来职业身份——工程师的心理准备状态，村民、建设方、政府监管部门、社会热心市民等角色的分配为学生提供了不同立场思考和理解工程冲突的可能性。另一方面，将课上所学立即投入日常实践，而非等到毕业进入职场社会的遥远未来，由此带来的学习收获感和成就感会驱动学生进一步加强工程伦理的学习。

## 四、结　　语

工程伦理教育在我国正处于发展阶段，高等院校在不断探索工程伦理课程建设与教学改革的新路径、新方法，其教学质量也是一个持续改善和螺旋式上升的动态发展过程。学情分析是教学的起点和基础，学生的学习收获是衡量教学效果的关键因素。本研究以 N 校为例，采用问卷调查法，发现工程伦理课的学情基础良好，学习收获的影响因素复杂多样，并就工程伦理课程与教学设计提出针对性的建议以供参考。需要说明的是，本研究仍存在一定的局限性，由于调研对象仅限于 N 校，问卷调查的外在效度可能存在一定的偏差，研究结论在更大范围的高校工程伦理课学情方面的适应性有待进一步验证。因时间和精力等

原因未能进行更大样本容量的调研，这也是本研究的遗憾之处。另外，本研究亦较难反映出学情的"何以为此"，问卷调查法因仅能采集到学情有关现状的数据，这有待在日后的研究中补充质性研究方法以做进一步探究。

# 参 考 文 献

[1] 钟波涛, 吴海涛, 陶婵娟, 等. 基于知识图谱的工程伦理教育研究现状述评[J]. 高等建筑教育, 2020, 29(2): 122-129.
[2] 李恒. 工程伦理教育的关键机制研究[D]. 杭州: 浙江大学, 2021.
[3] 胡万山. 教育学研究生课程学习状况调查分析[J]. 高等理科教育, 2019(2): 120-125.
[4] 张楚廷. 高等教育学导论[M]. 北京: 人民教育出版社, 2010.

**作者简介：**

黄婷婷（1993—　），女，学士，南京航空航天大学教育学在读硕士研究生，研究方向：工程伦理教育。
周克印（1966—　），男，博士，南京航空航天大学教授，研究方向：工程教育。

# 专业学位研究生信息工程伦理的规范及教学思考①

胡西川

（上海海事大学信息工程学院，上海 201306）

**摘 要：** 信息工程面临信息安全、隐私保护、数据鸿沟和算法设计等复杂工程场景，引导专业学位研究生树立以人为本的伦理价值取向，在多元伦理价值的诉求下不仅要关注技术，更要"将公众的安全、健康和福祉放在首位"已成为当务之急。信息工程伦理教育不完全是显性知识的传授，同时也涉及态度、情感、习惯和意识，所形成的是行为上的规范与自觉。

**关键词：** 价值；信息；规范；案例；以人为本

## 一、引 言

当前全球工程研究生教育的改革方兴未艾，智慧化的教育环境在不断升级。信息工程伦理通常指在信息开发、信息传播、信息管理和利用等工程方面的伦理要求、伦理准则、伦理规约，以及在此基础上形成的新型伦理关系。互联网、大数据和人工智能等技术在飞速发展，已经成为产业升级和经济转型的重要驱动力，显然信息工程的内涵也在不断推陈出新。要划清的一点是信息工程伦理不同于相关法律，其不是由国家强行制定和强行执行的，是在信息活动中以善恶为标准，依靠人们的内心信念和特殊社会手段来维系的，当然如果突破了伦理底线必然会受到法律制裁。针对信息安全、隐私保护、数据鸿沟和算法设计等复杂工程场景，潜移默化地提升专业学位研究生的道德水准和伦理素养，增强社会责任感，去正当地做事，所面临的挑战很多。专业学位研究生是未来大数据、人工智能、云计算和元宇宙等新兴产业的生力军，他们不仅要关注技术问题，也要思考环境生态和社会和谐，将可持续发展作为基本准则，领会"将公众的安全、健康和福祉放在首位"的深刻内涵，培养起面对信息工程复杂场景的伦理决策能力。专业学位研究生工程伦理方面的意识-规范-能力"三位一体"的培养将不仅涉及其自身伦理素养的提升，将来也会通过他们在互联网、大数据和人工智能等的工程实践中影响到经济、社会与自然的和谐稳定发展。

## 二、价值选择与规范指引

什么是好的伦理规范？什么是正当的行为？围绕这些问题，功利论、义务论、契约论和德性论的观点仍然针锋相对。在多元伦理价值的诉求下，解决复杂伦理困境必须融入道

① 资助项目：上海海事大学第二批研究生课程思政示范课程建设项目。

德判断并进行深度循环的实践认识再实践再认识。应该看到，专业学位研究生在公正公平、隐私权、数字身份、自主权、数字鸿沟、知识产权、网络成瘾、心理危机、网络公共安全问题、数据滥用和道德算法等方面或多或少还有些轻视和认识误区，培养他们的伦理意识和责任感，使其遵守职业行为规范及时且必要。信息工程伦理教育需要教师的知识讲授和示范，学生主动地学习，这是基本前提。当然信息工程伦理教育不能局限于理论条款的输送，因为其并不完全是显性知识的传授，在一定程度上更侧重于态度和情感教育的范畴，强调习惯和意识的形成，形成行为上的规范与自觉。信息工程伦理价值观和能力的获得无法从外部强加给学生，应引导学生积极地参与和自主地选择，逐步形成正确的价值观，进而融入学生个体正在形成的价值体系，最后固化为个人价值体系中的构成成分。

2020 年 11 月，全国信息安全标准化技术委员会秘书处编制了《网络安全标准实践指南——人工智能伦理道德规范指引（征求意见稿）》，公开征求意见。依据法律法规要求以及社会价值观，征求意见稿针对人工智能中的伦理道德问题提出安全风险警示，在开展人工智能研究开发、设计制造、部署应用等相关活动中给出相关的规范指引。特别是结合当下人工智能应用实践的一些比较显著的问题，强调部署应用者应向用户提供能够拒绝或停止使用人工智能的机制，并尽可能提供非人工智能的替代选择方案。

全球互联网、大数据和人工智能的发展进入新阶段，呈现出跨界融合、人机协同、群智开放等新特征，正在深刻改变人类社会生活、改变世界。权威的规范应该是信息工程伦理教育的重要基石。2015 年 7 月，国务院发布《国务院关于积极推进"互联网+"行动的指导意见》，要求加快"互联网+"立法，加强信息保护，完善相关标准规范、信用体系和法律法规。2015 年 8 月，国务院发布《促进大数据发展行动纲要》，高度重视数据共享、数据安全和隐私保护。2017 年 7 月，国务院发布《新一代人工智能发展规划》，对人工智能伦理问题提出明确要求并将人工智能伦理法律研究列为重点。国家新一代人工智能治理专业委员会于 2019 年 6 月 17 日印发实施《新一代人工智能治理原则——发展负责任的人工智能》。其中提出八点原则：①和谐友好。应以增进人类共同福祉为目标，符合人类的价值观和伦理道德。②公平公正。应促进公平公正，在数据获取、算法设计、技术开发、产品研发和应用过程中消除偏见和歧视。③包容共享。符合环境友好、资源节约的要求，促进包容发展，消除数字鸿沟，开展有序竞争。④尊重隐私。应尊重和保护个人隐私，充分保障个人的知情权和选择权。完善个人数据授权撤销机制，反对任何窃取、篡改、泄露和其他非法收集利用个人信息的行为。⑤安全可控。人工智能系统应不断提升透明性、可解释性、可靠性、可控性，逐步实现可审核、可监督、可追溯、可信赖。⑥共担责任。人工智能研发者、使用者及其他相关方应具有高度的社会责任感和自律意识，严格遵守法律法规、伦理道德和标准规范。⑦开放协作。鼓励跨学科、跨领域、跨地区、跨国界的交流合作，在充分尊重各国人工智能治理原则和实践的前提下，推动形成具有广泛共识的国际人工智能治理框架和标准规范。⑧敏捷治理。提升智能化技术手段，优化管理机制，完善治理体系，推动治理原则贯穿人工智能产品和服务的全生命周期。

## 三、案例驱动与潜移默化

信息工程伦理案例教学让学生主体去思考和决策，使得枯燥乏味变得生动活泼，易形成共鸣。在案例教学的稍后阶段，大家要互相交流，发表见解。案例驱动的伦理思辨将可以更加形象和有趣味。电车悖论是伦理学中一个经典的思想实验，由英国哲学家 Philippa Foot 于 1967 年提出，其引发了伦理学、哲学、心理学、脑科学等诸多学科长期热烈的讨论，也是"功利论"和"义务论"争论的焦点所在。进一步可引导学生去分析自动驾驶情景中的道德难题。显然自动驾驶情景中的道德决策焦点是安装在汽车之中的无人驾驶系统，而且购买和使用自动驾驶汽车的车主既是事件的决策者也是直接利益相关者，可以选择嵌入道德原则不同的智能系统。更多时通常会选择有利于自己的算法。引导学生讨论智能驾驶系统是以尽量减少伤亡为原则，还是无论如何都要保护车内乘客。显然，在未来的互联网、大数据和人工智能领域，技术问题与伦理问题会相伴而生，设计者不仅要实现实用的智能化功能，也要让系统具有道德选择的能力。要把一般性的伦理原则应用到互联网、大数据和人工智能等领域的具体情景中去，将道德规则转换为算法，或者通过机器学习和复杂适应系统的自组织发展与深化，使系统能够从具体的情景生成普遍的伦理原则。

要引导学生认识互联网、大数据和人工智能相关技术活动的风险，如失控性、社会性、侵权性、歧视性和责任性等。失控性风险就是活动的行为与影响超出研究开发者、设计制造者、部署应用者所预设、理解、可控制的范围，对社会价值产生负面后果的风险；社会性风险就是使用不合理，包括滥用、误用等，影响社会价值观、引发系统性社会问题的风险；侵权性风险就是对人的基本权利、人身、隐私、财产等造成侵害或产生负面后果的风险；歧视性风险就是对人类特定群体产生主观或客观偏见，造成权利侵害或负面后果的风险；责任性风险就是相关各方责任边界不清晰、不合理，导致各方行为失当，对社会信任、社会价值产生负面后果的风险。

# 四、以人为本与福祉最大化

信息工程伦理教学应引导学生树立以人为本的基本伦理价值取向，要把为人类谋求最大福祉作为宗旨。2020 年 11 月 15 日国务院办公厅印发的《关于切实解决老年人运用智能技术困难的实施方案》就是十分生动鲜活的素材。针对老龄人口数量快速增长，而不少老年人不会上网、不会使用智能手机，在出行、就医、消费等日常生活中遇到不便，无法充分享受智能化服务带来的便利，老年人面临的"数字鸿沟"问题日益凸显，要聚焦老年人日常生活涉及的高频事项，让老年人在信息化发展中有更多获得感、幸福感、安全感。要坚持传统服务与智能创新相结合，坚持普遍适用与分类推进相结合，坚持线上服务与线下渠道相结合，坚持解决突出问题与形成长效机制相结合。重点解决突发事件应急响应状态下对老年人的服务保障，便利老年人日常交通出行，便利老年人日常就医，便利老年人日常消费，便利老年人文体活动，便利老年人办事服务，便利老年人使用智能化产品和服务应用等。消除"数字贫困地区""数字穷人""数字鸿沟"已经上升到国家战略层面。从产业发展的视角看，这何尝不是一个重大风口。

《网络安全标准实践指南——人工智能伦理道德规范指引（征求意见稿）》明确，互联网、大数据和人工智能工程的实践不仅要遵守法律法规，还应尊重并保护个人基本权利、人身、隐私、财产等权利，要特别关注对弱势群体的保护。应避免出现损害人的基本权利、人身、隐私、财产等权利的应用场景，降低被恶意利用的可能性。要谨慎开展具备自我复制或自我改进能力的自主性人工智能的研究开发，评估可能出现的失控性风险。要对研究开发关键决策进行记录并建立回溯机制，对伦理道德安全风险相关事项，进行必要的沟通、回应等。不设计制造损害公共利益或个人权利的系统、产品或服务。要及时、准确、完整、清晰、无歧义地向部署应用者说明产品或服务的功能、局限、安全风险和可能的影响。在应用系统、产品或服务中要设置事故应急处置机制，设置事故信息回溯机制。要对伦理道德安全风险建立必要的保障机制，通过购买保险等手段为必要救济提供保障。

在公共服务、金融服务、健康卫生、福利教育等领域，进行重要决策时如使用不可解释的人工智能，应仅作为辅助决策手段，不作为直接决策依据。不可解释就是指难以对特定决策或行为的产生过程或原因提供说明、证据或论证。部署应用者要向用户及时、准确、完整、清晰、无歧义地说明人工智能相关系统、产品或服务的功能、局限、风险以及影响，解释相关应用过程以及应用结果。要以清楚明确并便于操作的方式向用户提供能够拒绝或停止使用人工智能相关系统、产品或服务的机制。在用户拒绝或停止使用后，要尽可能为用户提供非人工智能的替代选择方案等。

应引导学生思考互联网、大数据和人工智能技术的伦理限制问题。开发战争机器人或智能战争武器是否合乎伦理？2017 年，众多专家和业内人士致信联合国，呼吁禁止人工智能战争武器的开发。2017 年的 *AI Now* 报告指出，负责刑事司法、医疗健康、福利、教育等高风险的公共部门应当停止使用"黑箱"的人工智能和算法。2020 年 10 月 31 日，美国国防创新委员会率先推出《人工智能原则：国防部人工智能应用伦理的若干建议》，这是对军事人工智能应用所导致伦理问题的首次回应。这份报告为美国国防部在战斗和非战斗场景中设计、开发和应用人工智能技术，提出了"负责、公平、可追踪、可靠、可控"五大原则。

# 参 考 文 献

[1] 李正风, 丛杭青, 王前, 等. 工程伦理[M]. 2 版. 北京: 清华大学出版社, 2019.
[2] 于江生. 人工智能伦理[M]. 北京: 清华大学出版社, 2022.
[3] 李伦. 人工智能与大数据伦理[M]. 北京: 科学出版社, 2018.
[4] 杨尊琦. 大数据导论[M]. 北京: 机械工业出版社, 2021.
[5] 邓建华. 深度学习——原理、模型与实践[M]. 北京: 人民邮电出版社, 2021.
[6] 沈寓实, 徐亭, 李雨航. 人工智能伦理与安全[M]. 北京: 清华大学出版社, 2021.
[7] 全国信息安全标准化技术委员会秘书处.网络安全标准实践指南——人工智能伦理道德规范指引(征求意见稿) [EB/OL]. (2020-11-09) [2022-09-10]. https://www.tc260.org.cn/front/postDetail.html?id=20201109163419.
[8] 国务院办公厅. 关于切实解决老年人运用智能技术困难的实施方案: 国办发〔2020〕45 号 [EB/OL]. (2020-11-15) [2022-09-10]. http://politics.people.com.cn/n1/2020/1125/c1001-31943855.html.
[9] 国防科技大学信息通信学院. 美国率先提出军用人工智能伦理原则[EB/OL]. (2020-11-11) [2022-09-10]. http://news.youth.cn/gj/201911/t20191111_12115851.htm.
[10] 国家新一代人工智能治理专业委员会. 新一代人工智能治理原则——发展负责任的人工智能 [EB/OL]. (2019-06-17) [2022-09-10]. http://www.clii.com.cn/lhrh/hyxx/201906/t20190619_3935070.html.

**作者简介：**

胡西川（1963— ），男，副教授，长期从事智能信息系统、高级软件开发、模式识别和机器学习等诸多领域的教学和科研工作，目前承担信息工程学院研究生的工程伦理课程的教学工作。

# 工程类专业学位研究生工程伦理教育的价值与实现路径①

**摘　要**：工程专业学位向工程类专业学位的转变，是使工程专业学位适应于产业和工程交叉融合需求的结构性调整。应然层面，学校的工程伦理教育具有促进工程伦理观念内化于受教育者的功能。实然层面，工程伦理教育中普遍出现的采用知识灌输式传授方式、工程伦理教育和专业教育"两张皮"等现象使人们对通过学校工程伦理教育实现工程类专业学位研究生工程伦理的养成产生疑问。理想的教育目的必须与恰当的教育模式和适当的教育方式相适应，工程类专业学位研究生工程伦理教育需要教师着眼于教育模式的应用和教育方式的实施。

**关键词**：工程类专业学位；工程伦理；教育模式；教育方式

近年来，国家将工程伦理教育作为工程类专业学位研究生工程伦理养成的重要措施和手段予以布置实施，而在学校层面的工程伦理教育推进过程中，却出现了较为普遍的采用灌输式传授方式讲授工程伦理知识、工程伦理教育和专业教育"两张皮"等现象，从而降低了通过学校教育的方式，促使工程伦理观念内化于工程类专业学位研究生的有效性。由此引发出诸多疑问：工程类专业学位研究生工程伦理的养成是否可以通过学校教育得以实现？如果教育有助于工程类专业学位研究生工程伦理的养成，目前工程类专业学位研究生工程伦理教育出现困境的原因是什么？工程类专业学位研究生工程伦理课程应该如何设计，应该如何讲授？本文就上述问题进行分析，以期能够对工程类专业学位研究生工程伦理观念的养成有所裨益。

## 一、工程专业学位的变革及工程类专业学位研究生教育的价值追问

工程专业学位自 1997 年设置以来，极大地促进了我国工程科技人才的培养，为创新型国家建设作出了重要贡献。在所有的专业学位中，工程专业学位已成为培养规模最大、覆盖领域最广的专业学位类别。但是，随着产业的发展和工程专业学位自身改革的深入，工程专业学位的设置出现了较为严重的领域固化、与工程实际的综合性需求不匹配等问题。2018 年 1 月，国务院学位委员会第 34 次会议决定对工程专业学位类别进行调整优化，将40 个领域的工程硕士调整为电子信息、机械、材料与化工等 8 种专业学位类别，工程博士

① 资助项目：中国学位与研究生教育学会面上项目"研究生教育学的学科化发展研究"（2020MSA127）；常州大学研究生教育教学改革与创新研究项目"研究生招生取向的转变与专业学位研究生教育高质量发展研究"（YJK2021007）。

也由 4 个领域调整为与之对应的 8 种专业学位类别。至此，原有的工程专业学位从 1 个类别扩大为 8 个类别，工程专业学位称谓也更改为工程类专业学位。

从工程专业学位到工程类专业学位，不仅呈现为称谓上的变化，这种改变也是我国工程专业学位研究生教育的一次大变革。然而，不能否认的是，工程专业学位研究生教育改革主要还是从招生考试、人才培养、学位授予的维度展开的。总体而言，主要还是寻求显性的工程专业学位研究生教育质量和学位授予质量的提升。由工程专业学位向工程类专业学位的改革，其主旨实质上还是一种学位类别的外部结构调整，以便使其更适应于产业和工程交叉融合的需求。在工程类专业学位研究生教育发展中，如果遵循既有工程专业学位研究生教育改革思路，工程类专业学位研究生教育仍然不可避免地重蹈关注技术层面教育质量提升的思路。那么，厘清导致工程类专业学位研究生教育可能陷入工具理性境地的关键问题就成为我国工程类专业学位研究生教育发展的逻辑前提。只有弄清楚这个问题，才能明白工程类专业学位研究生教育改革从何入手，这自然就需要明白工程类专业学位研究生教育的内在要义。

## 二、工程伦理教育是工程类专业学位研究生教育的内在要义

提到工程，人们的直觉反应可能就是技术。然而实际上，工程不仅是技术，工程也是和人类社会、自然环境紧密地联系在一起的活动。工程活动是一种复杂的社会实践活动，不仅包含了工程活动本身，也蕴含了多重风险，包含着事关人类前途命运的价值选择，可能对"人—社会—自然系统"产生不同程度的祸福双重效应[1]。这种双重效应，常常会伴随连锁反应，带来更为严重的客观后果。因此，工程活动及其所产生的结果实际上是一把双刃剑，它在造福人类的同时也可能会给人类社会带来严重的灾害和事故。美国学者马丁等发现，从产品设计、生产、制造，直至产品报废的整个工程活动中，都蕴含着伦理问题[2]。

工程类专业学位研究生教育是培养未来从事工程实践的工程师的教育。一方面，由于工程类专业学位研究生教育的大规模性和覆盖的广泛性，未来工程师的工程实践也就具有了导致工程问题频繁发生的可能性，由此造成强大的破坏和严重的负面社会效应。另一方面，如果培养的未来工程师仅仅具有高超精湛的技术而缺乏高尚的道德素质，其未来的工程活动极有可能阻碍科学技术正向作用的发挥，从而成为破坏生态环境和人类和谐的工具。正如爱因斯坦曾经指出的，这样的未来工程师"他连同他的专业知识，就更像一只受过良好训练的狗，而不像一个和谐发展的人"[3]。因此，在工程类专业学位研究生教育过程中，学生应该对基本的伦理素养和道德价值观有所理解[4]。工程伦理教育应该成为工程类专业学位研究生教育的内在要义。工程伦理教育的目标，不仅是要使工程类专业学位研究生明确认识到工程活动与伦理密切相关，使其能够辨识出工程活动中的伦理问题，更重要的是，要培养他们建设性地解决未来工程实践中可能遇到的伦理问题的能力。2018 年，全国工程专业学位研究生教育指导委员会提出，将"工程伦理"纳入工程类专业学位研究生公共必修课，就是在准确把握工程类专业学位研究生教育目标内在要义基础上作出的及时回应。

## 三、工程类专业学位研究生工程伦理教育的实然检视与应然功能

实际上，早在 2014 年 12 月，全国工程专业学位研究生教育指导委员会就启动了工程伦理课程及师资建设，并策划组织了《工程伦理》国家级规划教材，举办了多期课程骨干教师研修项目和课程师资培训班[3]。由其组织编写的《工程伦理》已经成为各高校广泛使用的工程伦理课程教材。但不可否认，目前高校的工程伦理教育主要是以工程伦理课程加入原有工程专业学位研究生教育课程体系，并且主要以教师对工程伦理案例进行分析讲解的方式实现的。事实表明，这样的课程安排和讲授方式导致了教师采用灌输工程伦理知识、工程伦理教育和专业教育"两张皮"的现象，难以实现工程伦理教育和专业教育的有机融合。

现实中，社会公众、教育者、受教育者普遍认为工程教育仅仅是解决工程问题的教育。究其原因，根源并不在于教师本身，也不在于研究生本身，而在于人们对工程技术的片面认识。长期以来，人们普遍认为，掌握一定的工程技术，获得解决工程领域实际问题的能力是人才培养的核心，教师在具体的教育实践过程中，主要偏重于对学生专业知识和技术的灌输。学生也按照培养方案、教育进程接受教育，最终衡量学生学业成果的就是学生参与的工程实践和获得的毕业证书、学位证书。在工具理性指引下实施的教育必然会忽视工程类专业学位研究生教育的内在要义，忽视对学生的工程伦理等人文精神的关怀和引导。这导致多年的工程类专业学位研究生教育改革，虽然进行了一定工程伦理教育的融入，但整体上并没有摆脱技术层面的窠臼。要想让工程类专业学位研究生教育改革回归到其理想的状态，最为重要的还是要根据工程类专业学位研究生教育的内在要义，展示出其根本的教育归旨。因此，工程类专业学位研究生教育，实质上是在工程专业学习和工程实践的过程中，感悟工程伦理的教育，即培养工具理性和价值理性兼具的人的教育。

基于此，教育要传递的就不仅是一种工具理性，也必须是一种价值理性。教育的过程就不仅是一种知识和技术的传授过程，也是思想的交流、灵魂的碰撞、价值的关怀过程。因此，工程类专业学位研究生教育中，教师不仅要将丰富的专业知识传授给学生，也要将工程伦理等价值观念传授给学生，使其通过专业学习和工程实践，实现对工程伦理的深切感悟和人文情怀的关注和提升，这既符合工程类专业学位研究生教育的内在要义，又可以使教育过程本身承担起人才培养的价值追求。

然而，目前工程伦理采用知识灌输式传授方式、工程伦理教育和专业教育"两张皮"的现象存在一定的应景性和被动性，是外在于人的内心的。这种方式下的工程伦理教育也无法真正做到培养学生全面发展的要求，无法体现出应有的工程伦理和人文关怀。这将导致工程类专业学位研究生教育背离全面发展的教育初衷，也容易让人对工程伦理教育促进工程类专业学位研究生工程伦理养成的有效性产生怀疑，从而提出学校的工程伦理教育并不一定是工程类专业学位研究生工程伦理养成的最优方式的疑问。

实际上，在现实社会中，的确存在许多能够影响工程伦理内化的因素，比如社会环境的影响、工程实践法律法规的影响、工程职业整体状况的影响、工程伦理教育状况的影响等，学校的工程伦理教育只是其中的一种因素。但我们并不能因此否定学校工程伦理教育的作用和有效性。首先，在工程类专业学位研究生工程伦理观念的形成过程中，工程伦理教育的功能和其他因素都会起到促进并实现工程伦理形成的作用。其次，从工程伦理内化

于人的整个过程来看，工程伦理教育具有承担内化工程类专业学位研究生工程伦理的作用，因为工程伦理教育的目的是使工程类专业学位研究生在将来的实际工程实践中能够践行工程伦理，而践行的前提必须是了解领悟工程伦理的内容，知晓工程伦理的作用。"知"是"行"的前提和基础，对于"知"而言，最直接有效的手段莫过于学校教育。工程类专业学位研究生只有通过学校教育，在习得、理解工程伦理理论和知识的基础上，才能按照工程伦理分析工程实践问题和选择恰当的工程实践行为，才能将工程伦理内化为应该遵守的规范，并为将来养成遵守工程伦理的习惯作准备。再次，我们应该看到，虽然工程类专业学位研究生可以从多种途径获得工程伦理知识，但不可否认的是，只有通过学校教育，才能使工程类专业学位研究生按照逻辑，系统地掌握工程伦理知识。最后，从教育的角度来说，由于师资力量、学习时间、课程的配套设计等因素，工程类专业学位研究生学校就读的教育阶段，相比其毕业后的职前教育和入职后的继续教育环节，更适合实施工程伦理教育。因此，工程类专业学位研究生工程伦理是能够通过学校教育的形式实现的。

工程伦理观念要求把工程类专业学位研究生教育提升到以人为本、人的全面发展的高度，真正实现受教育者个体的自身需求和工程实践乃至社会对人才培养的需求，这就需要我们找到能够提升工程伦理教育有效性和工程伦理观念内化于受教育者的有效路径。既然在应然层面，学校的工程伦理教育能够达到上述教育目的，接下来需要考虑的问题就是，教师在工程伦理教育中应该采取怎样的教育模式和教育方式？因为理想的教育目的必须有恰当的教育模式和适当的教育方式与之配套，才能得以实现。

## 四、工程类专业学位研究生工程伦理教育模式与教育方式的实施

现代社会的进步，正在一步步激活人类潜在的个体意识，使得人们对个体思想与自主思考能力有更高的要求。体现在工程类专业学位研究生教育中，这一要求就是教师对学生的主体意识应给予充分的尊重，教师应从受教育者的自身实际出发，肯定并尊重受教育者的主体地位，让他们能够从根本上了解工程类专业学位研究生教育的本质，并更好地体会工程伦理观念。正是通过尊重受教育者的主体地位，挖掘受教育者的内在潜力，使受教育者的自主性、自觉性、主动性和创造性得以激发，从而有利于工程伦理教育与工程类专业学位研究生专业教育的有机融合。在教育教学的过程中，工程类专业学位研究生工程伦理观念有效性的提升和工程伦理观念的内化，需要教师着眼于教育模式的应用和教育方式的实施。

### 1. 总体的教育模式

采用适合工程类专业学位研究生教育的教育模式是深化工程伦理教育的切入点，研究生教育并不是教师单一讲授和学生被动聆听的过程，研究生教育的特点要求在工程类专业学位研究生教育中采用"教师主导和学生主体的教育模式"。这一教育模式科学地阐述了工程类专业学位研究生教育中，教师和学生各自的地位、作用和信息交互关系。赫尔巴特认为，教育就是一种持续的诱导工作，通过诱导使受教育者的品德得到陶冶。也就是说，在工程类专业学位研究生教育活动中，教师应在教育目标、教育内容、教育进程等方面发挥主导作用。一方面，作为教育过程中的外部因素，教师通过科学的引导促进学生的发展。

这就要求教师不断提升自身的主导性，充分挖掘自身的潜在意识，提高自身的教育水平和能力。在教育的实施过程中，教师应把工程类专业学位研究生教育看成是关乎学生全面发展、关乎社会和谐进步的教育，并且在此过程中，尊重受教育者的主体性。另一方面，作为教育过程的内部因素，工程类专业学位研究生应增强自身的主体意识，发挥其主体作用，这体现在工程类专业学位研究生既是学习的主体，也是思维的主体。这要求作为受教育者的工程类专业学位研究生应该明确自身存在的价值，即在教育过程中，工程类专业学位研究生不仅是受教育者，更是自由的思想者。只有认识并做到这些，工程类专业学位研究生才能找准自己的定位，潜在的主体意识才能真正地被唤醒，并在教育开展的过程中充分地发挥、体现自身价值，最终促使工程伦理观念得以真正内化形成。在这一过程中，教师和工程类专业学位研究生之间建构起一个信息交互的过程，通过信息交互，教师可以把知识、价值、情感等传递给学生。同样，在这一过程中，学生也向教师反馈了对于知识的理解和情感的感悟。通过这一过程，不仅可以促进师生之间的知识交流，还能使之达到情感和思想上的沟通，这种情感和思想就包括对工程伦理的感悟。因此，现阶段，工程类专业学位研究生教育必须突破既有的以专业能力为导向的教育目标、教育内容和教师对学生的单向度、按部就班地聚焦于理论知识和实践技术讲授模式，需要充分发挥教师主导作用和学生的主体地位的真正落实，只有这样才能实现双方信息传递的互动、情感和思想的交流，真正使知识和人的灵魂融合在一起，而不是毫无生机和外在于人心灵的知识和技术[5]。

## 2. 具体的教育方式

教育方式是联结教育目的与教育效果的桥梁。没有恰当的教育方式就不会有良好的教育效果，也难以实现教育的目的。根据工程类专业学位研究生教育的特征，实施"教师主导和学生主体的教育模式"，以达到工程伦理教育与工程类专业学位研究生专业教育的有机融合，教师还应该采取具有针对性的教育方式。

（1）迎合工程类专业学位研究生的需求。要想让工程类专业学位研究生在专业学习中对工程伦理产生浓厚的兴趣，教师需要懂得学生知识需求、精神需求等内在的学习需求。教师在实施教育的过程中，需要唤醒工程类专业学位研究生内在的人文主义精神，让他们产生学习的愿望，从内心中认识到学习理解工程伦理是有价值的。在充分认识到工程伦理教育价值的基础上，工程伦理对于工程类专业学位研究生而言就不是可有可无的，而是必需的。比如，教师在专业教育中提出"在工程实践中究竟什么样的工程是好的工程？有没有什么原因影响我们对好的工程的判断？"等问题。这些问题的提出，能够迅速拉近工程伦理和工程实践的距离，使学生强烈感受到工程伦理的价值和重要性。教师在工程实践中合理安排典型案例的讲授也能够使学生在专业教育中迅速地感受到工程伦理教育的价值所在，使原本枯燥的工程伦理问题通过具体生动的案例讲解，引申出对生命的感悟和敬畏，进而提升工程类专业学位研究生工程伦理教育的有效性，促进其工程伦理观念的形成。

（2）重视对伦理学经典作品的讲授。当前我国高校大多数工程类专业学位研究生的工程伦理教育仍停留在根据《工程伦理》教程，从一个个具体的工程案例出发，教师传授最基本的工程价值准则，以达到工程伦理教育的基本要求的阶段。总体而言，在这种工程伦理教育中，普遍实行的是一种偏重于形而下的、由具体事实来推导普遍价值的做法，而在由普遍价值来提携事实方面则显得相对滞后，价值理性、人文关怀在工程伦理教育中还没有引起充分的重视。因此，对于工程类专业学位研究生教育的创新和工程人才素质的提升来说，教师将工程伦理教育在内容和议题上的升级革新就显得尤为重要。

相对于伦理学来说，工程伦理学是一个具有实践层面的下位概念，或称为伦理学在工程中的应用。因此，教师对于经典伦理学作品的讲解和把握，则更容易使工程类专业学位研究生从理论的视角把握伦理学所要表达的完整要义，获得伦理学更全面普遍的价值。工程伦理学中精深和丰富的思想都来源于伦理学经典作品，与工程伦理教材相比，伦理学经典作品本身更富有逻辑性、系统性，更富有人文价值。在工程类专业学位研究生教育过程中，由于专业性要求和时间、精力的限制，教师一般都采用具有针对性的《工程伦理》教程。然而，教材起到的是一个提纲挈领的作用，而不是全部思想的表达，只有通过广泛涉猎古今中外的伦理学经典作品，阅读并讨论研究相关的资料，才能更精准地把握伦理学和工程伦理的要义，使工程类专业学位研究生在思想上得到更大启发。因此，对于有条件的高校来说，针对学有余力的学生，教师在完成原有工程伦理教程的基础上，适时开发伦理学经典作品的讲授也是有益的，这对于提升工程类专业学位研究生工程伦理乃至普遍的伦理观念，应该是一种很好的尝试。

## 参 考 文 献

[1] 段新明. 工程伦理教育的三个价值向度[J]. 自然辩证法研究, 2010, 26(3): 71-75.

[2] 龙翔, 盛国荣. 工程伦理教育的三大核心目标[J]. 高等工程教育研究, 2011(4): 76-81.

[3] 李安萍, 陈若愚, 胡秀英. 工程伦理教育融入工程硕士研究生培养的价值和路径[J]. 学位与研究生教育, 2017(12): 26-30.

[4] 何菁, 丛杭青. 中国工程伦理教育的实践创新探析[J]. 江苏高教, 2017(6): 29-33.

[5] 王松岩. 高校哲学教育中的人文关怀[J]. 教育评论, 2014(1): 93-95.

## 作者简介：

李安萍（1971—  ），理学硕士，常州大学研究生院研究员，主要从事研究生教育研究。

# 面向未来的工程伦理课程图景及其实现①

高佩琪[1]，孙洪涛[1]，李协吉[1]，陆　军[2]，张　翼[3]

（1. 湖南师范大学教育科学学院，长沙　410006；2. 清华大学公共管理学院，北京　100084；
3. 中南大学化学化工学院，长沙　410083）

**摘　要**：作为一种新的未来课程观，未来教育提倡从"个体理性精神"到"整体生态正义"认识论转向，鼓励以课程改革途径培养具有未来意识的时代新人。鉴于当前诸多工程伦理课程设计仍然是面向已有成果，强调对于社会和历史事件的反思和学习，较少关注对未来意识的培养；同时，新工科教育的关键指向了学生"内化"的道德品性的行塑，因此，课程设计者亟须对当前工程伦理课程面临的新问题进行重新审视，并对未来课程建设可能出现的新挑战进行预判，建立新的工程伦理课程观。研究首先分析了未来工程伦理课程建设的时代背景，其次尝试勾画出未来工程伦理课程的范式转型模态，最后分别从主体未来意识、课程实施环境、课程内容组织和课程评价四个角度详细探讨了面向未来工程伦理课程的实现路径，旨在为高校在培养未来卓越工程人才提供借鉴和参考。

**关键词**：工程伦理课程；面向未来；未来课程变革；课程评价；人才培养

全球范围内新一轮产业革命对工程教育的发展提出了全新的挑战和要求，工程教育的维度从土木工程、水利工程等传统疆域逐渐向网络工程、生物工程、材料工程等工程的外延领域拓展。然而，当前工程活动中各类伦理矛盾却日益凸显，如基因编辑技术、P-Xylene项目、合成生物、数字身份等引发越来越多的伦理挑战。鉴于此，科学技术的不确定性越发凸显伦理教育的重要性。新工科背景下未来的技术人才通过工程实践把握前沿技术，而工程伦理教育作为工程实践活动的道德尺度，关系到未来工程人才伦理培养的向度。近年来，"一场全面的未来运动"在全世界范围内开展[1]。"未来"的未来主义"作为一种新的哲学未来观"提倡教育应培养具有未来意识的时代新人，并指出课程改革是未来教育的必经之路[2]。遗憾的是，当前诸多工程伦理课程设计仍然是面向过去，强调对于社会和历史事件的反思和学习，较少关注学生对未来意识的培养。因此，对面向未来高校的工程伦理课程建设提出了应然的时代需求。

## 一、面向未来工程伦理课程的时代境遇

### 1. 国际"工程4.0"的时代背景推动

国际社会正处于从"工程3.0"至"工程4.0"的数字化转型阶段（表1）。在技术主义

① 资助项目：国家自然科学基金面上项目"天然小分子凝胶的自组装机理、筛选策略及其在脑损伤预后的应用研究"（21972169）；湖南省普通高等学校教改项目"探索重大公共疾病相关科学研究与创新创业相结合之途径"（湘教通〔2020〕232号）。

"工程3.0"强调效率、利益优先的导向下，出现过度开发自然资源、随意剥夺万物自身的价值及权利的困境，导致现代工程精神品性的缺失[2]。在此困境下，转向生态主义"工程4.0"新时代，新材料、新能源、人工智能等新技术进入工程活动，号召工程活动的行动者在理智上保持谦卑、自省和敬畏之心，顺应和尊重自然规律。由此可见，未来的工程伦理教育需要实现从"人是万物的尺度"到"自然是万物的尺度"的范式转向。即重新让工程实践中"人的精神性"再次出场，通过自为的工程实践，将工程伦理决策从工具、技术理性回归价值理性、交往理性。

表1　工程活动时代背景

| 项目 | 工程3.0 | 工程4.0 |
| --- | --- | --- |
| 价值观 | 技术主义 | 生态主义 |
| 工程目标 | 效益、利润、开发自然 | 可持续、与自然和谐共生 |
| 实践主体 | 个人 | 人-自然交互整体 |
| 实践方式 | 工具、技术理性 | 理解、交往理性 |

## 2. 国家工程现代化建设的人才需要

基于党中央关于"人类命运共同体""一带一路""中国制造2025"等一系列前瞻性论述的大背景，2016年，教指委在"工程伦理教育论坛暨新闻发布会上"提出《关于加强工程伦理课程建设，推动工程伦理教学工作，培育德才兼备工程专业学位研究生的倡议书》。此倡议书为我国培养具有未来国际化视野的卓越工程师提供了新的契机与发展机遇，也对我国工程伦理课程发展提出了新的要求。然而，面对我国工程伦理教育发展晚、起步慢的现状，特别是内容设置不合理以及学生伦理意识模糊等问题；结合国家未来现代化人才培养的需要，工程伦理课程作为教育目标的实现途径，应担当起建设未来课程的使命。

## 3. 课程"未来化"的内在诉求

工程伦理课程"未来化"的内在诉求包括两个方面：第一，课程内在逻辑需回应外部需求；第二，课程本有的内在"惰性"[3]。首先，从外在因素来观察，工程伦理课程处于历史、文化、政治等复杂语境中，故学校伦理课程也应顺应时代变化而调整。其次，就内部因素而言，正式课程在学校情境中存在着一定的"惰性"，就固化于学校课程体系中成为教学和学习方式变革的桎梏。一旦形成稳定的课程理念，则难以保持理论与实践的张力。这一点在此次突如其来而又久久徘徊的新冠肺炎疫情当中体现得尤为明显。在长期的线上教学及由虚拟仿真替代生产实习的过程中，如何应对学生的心理健康变化导致的伦理缺口，特别是线上课程及虚拟仿真实习过程中可能出现的网络安全甚至网络暴力等问题，对未来的工程伦理课程建设提出了更加严格的要求。概言之，工程伦理规范应该在预估未来课程场景变化的基础上，提前置于工程实践的活动中，对可能出现的各种突发状况未雨绸缪。在具体工程实践中重构工程师伦理道德的敏感性，平衡各方的利益，实现未来工程技术为人类提供有机的、整体的、平衡的发展。

## 二、建设面向未来工程伦理教育课程的范式转型

### 1. 从"拼盘"课程走向"生态"课程

目前来看，虽然学界对工程伦理课程跨学科样态形成共识，但现行的课程体系并不完善。例如，工程伦理课程未与职业培养目标相融合，"拼盘课程"式的学科组合未能在学科融合中肃清群体间的利益综合和平衡等。事实上，工程伦理课程涉及工程各专业学科、伦理学、社会学、教育学等多个学科，且未来教育需要培养学生具有复杂情境解决复杂问题的能力[4]。因此，面向未来的工程伦理课程也需要进行变革。具体来说，需提倡未来化的生态课程设计模式。超越两门以上学科知识，超越自然、社会和人文各领域传统边界，把社会、自然和人类知识综合为一个有机的整体。为此，以工程活动为载体，课程的设计将工程—人—自然—社会形成的生态循环有机体，内植于工程伦理课程的理念，基于多学科协同培养，超逾时空的距离，突破专业与专业的界限，翻越传统教育的围墙，校际之间、校企之间联合进行课程实施，构建超越时空的生态课程有机共同体[5]。

### 2. 从"规范"课程走向"本土"课程

全球化趋势的浪潮中，未来社会以一个"地球村"的共同体存在，课程处于特定的社会历史背景中，将无可避免地受到时代和环境的制约。课程设计与开发也需迎合时代和全球化对于未来工程人才的期待。尽管理论上欧美的工程伦理研究对我国伦理教育具有借鉴意义[6]，形成基于制度伦理规范下的统整课程，但我国的工程伦理课程在实践中应形成本土化课程模式。中国传统中具有丰富的道德学说，冯契先生"德性论"清晰地将中国传统德性价值观与西方理性价值观统一起来，在广义认识论的维度下进行统一，提倡尊重个体德性的自由成长与社会发展规律相统一，在集体帮助下和个体主观努力下，培养平民化的自由人格。一言以蔽之，未来的工程伦理课程需蕴含中西理论的"兼容"课程理念，逐渐形成具有中国气派但又适合全球发展的课程体系。

### 3. 从"统整"课程走向"个体"课程

工程伦理课程多以共识性伦理来规整工程共同体的伦理实践[7]，比如"人类福祉、安全第一、可持续发展"，使得实践主体具有普世的伦理价值，着力于未来工程师的统整培养。然而，工程实践中工程伦理冲突和风险等具有情境性和特殊性，需工程共同体动态平衡多方利益和冲突。具体来说，高等工程伦理课程中，应多以预设文本性知识、天命论的价值观培养"圣贤化"理想人格；但这显然是知识分子虚伪的一厢情愿。然而，冯契先生提醒我们"化知识为德性"的路径需要确立一种"人道主义"与"社会主义"的辩证统一，在客观的社会条件下培养理想的人格，即在共识性伦理指导下生成"平民化的自由人格"。提倡教育不止整齐划一地培养"职业人"的伦理责任，更需学生作为"普通人"在复杂工程伦理冲突中得到个体德性价值判断和复杂的情感体验。

#### 4. 从"文本"课程走向"场景"课程

工程伦理课程作为一门实践伦理课程，需在动态的工程活动中解决伦理冲突。然而目前高校的工程伦理课程大多以"行为—目标"为取向，提前预设精细的教育目标、课程目标，课程活动预期化、标准化、效率化地进行人类知识经验的传播，却忽视了学生在学习过程中的个体情感体验，导致把学生看作原料，课程实施多为静态地对文本进行表象描述，压抑了学生的主体地位和个体发展。然而实践环节对课程的要求需要面向未来的工程伦理课程应从"行为—目标"走向"人本主义"。基于此，面向未来的工程伦理课程需打破过去"预设"状态，将教师所经历的文化、政治、历史、社会经历，形成一幅场景"地图"，将自己的专业与切身经历逐渐融合、升华、内化，并在课程与教学空间中进行场景描述，尝试与学习者在经历中不断发展情感共鸣、意义体察、自我察觉[8]，走向教师和学生为主体的"场景"课程，在实践中培养个体的价值观，唤醒学生在特定工程实践场景中的道德情感，引发其对于工程活动伦理问题的具身体验及伦理敏感性与道德热情。

## 三、建设面向未来工程伦理课程的实现路径

建设面向未来工程伦理课程的实践路径需自上而下地从国家意识、课程内容、实施、评价等多方面来构建。

#### 1. 强化主体未来意识导向

1）宏观层面，国家凝聚未来课程的变革合力

凝聚未来课程的变革合力，要求着力于工程伦理教育顶层设计的完善，制度化、规范化地确立起工程伦理教育在我国的重要地位。我国的工程伦理教育作为舶来品，起步较晚，工程伦理教育长期被忽视和边缘化，并没有作为高校人才培养计划中的重要一环引起重视。因此，国家面对未来技术的变革，应重视通过未来工程伦理课程来培养具有未来科技洞察力和伦理预判力的技术人才。需要在国家层面领布相关政策法规，引导相关企业、行业协会与高校重视并积极开展工程伦理教育，对工程伦理教育的核心内容、课程设置和未来图景作出长远规划，使我国工程伦理教育走向规范化。

2）中观层面，教育部门建立本土化课程目标

虽然此前教育部门、大型企业、行业协会等已经有共识制定具体各行业的伦理规范制度，给未来的人才培养提供方向，但工程伦理在中国尚未建立"明确、自立"的教育理念，由此导致该学科在高校被边缘化[9]。目前，除了清华大学、天津大学、东南大学等少数高校开设工程伦理课程之外，绝大部分的理工科院校并未开设专门的工程伦理教育相关课程。因此，面向未来急需形成本土化的课程理念与目标。回顾历史，中国在朴素辩证法的思维下，形成了社会体系的道德自觉原则。相对而言，西方的伦理学更加强调个体自愿原则。因此，应倡导形成自觉和自愿两者合力促进人的全面发展的课程愿景。总之，未来的工程伦理应基于社会发展、个体经验和学科知识三者和谐发展视角的构建具有中国气派的本土化工程伦理课程，以解决出现在中国工程中的情境伦理问题。

3）微观层面，工程伦理融入高校人才培养目标

随着现代工程建设的复杂性越来越强、未来科学问题的多样性和不确定性越发凸显，所要求的技术性也越来越高，对未来工程技术人员的人文综合素质，特别是伦理道德提出了更为全面的要求。因此，工程伦理教育在整个工程教育中显得尤为重要。高校必须充分重视工程伦理教育，将顶层设计中的相关政策法规以及工程伦理规范纳入学校的人才培养目标。例如，把工程伦理教育作为一项重要的考核标准，融入高校的入学考试、课堂考核、学科评估、毕业生评价等环节，将工程伦理教育纳入工程人才培养的全过程。在增强学生专业工程技术水平的同时，提高其伦理道德水平，为推动我国科技创新、加快建设世界科技强国、实现高水平科技自立自强提供人才保障。

## 2. 营造未来工程伦理课程实施环境

1）创设丰富未来课程环境

目前我国工程伦理课程采取案例教学、情境教学、成果导向教学、虚拟仿真实验教学、项目式教学、场景叙事法等多样的教学方式，营造开放、多元的课堂氛围，知识、技能、价值观"三位一体"对学生形成教育合力。相比之下，工程类学生人文储备较弱，针对学生个体差异，建议提供师生线上线下相结合的课程环境。线下以传统授课方式系统地传授理论知识，并收集该学科案例，进行案例剖析、实验经验共享、国内研讨。线上则鼓励使用网络教学和虚拟实验技术等。在这场为期三年与新冠肺炎疫情抗争的斗争中，网络教学和虚拟仿真在工程类课程课堂及实践环节出现的次数越来越多。特别是在生产实习环节，目前的虚拟仿真尚无法完整呈现工厂环境下的真实场景，学生对工厂实际环境，特别是安全条例的制定背景缺少实际了解，导致对各项安全生产条例背后的血泪教训敬畏心不足。这一点也是我们在最近的教学过程中遇到的新问题，而这一情况在未来会更加突出。一方面，我们期待虚拟仿真的场景能够更加真实；另一方面，也要不断强化学生对工厂环境下安全事项以及未知紧急情况的正确应对。

2）注重课程浸润式实施模态

工科是一门精确科学，通过精准的建模和假设推理出实验结果。我国高校的工程伦理课堂教学多基于事后的结果伦理分析，而缺乏事前和事中的伦理预判和分析，容易忽视学情和社会环境，导致学生难以"身临其境"。然而，大量的实证研究证明身体及其经验对学科教学有积极的促进作用[10]，并提倡创建学生身体参与、沉浸体验的具身学习环境[11]。如王辞晓[12]研究认为通过可穿戴传感设备、头戴式显示设备、空间融合等，学习者较大幅度肢体运动进行虚拟实验操作模拟可以获得高具身沉浸式的学习体验。因此，未来学校教育应有意识地提倡学生运用虚拟实验设计对未发生的道德伦理问题进行分析和预测，提升学生的学习场景体验感，并在实验过程中进行风险规避，在实验结束后进行伦理审视，形成有机循环，有利于增加伦理知识、提升伦理敏感度和提高伦理判断力，让学生完成从"学以致用"到"用以治学"的闭环。

3）促进课程实施主体多元情感体验

未来工程伦理课程应在他者伦理理念下，在课程实施中鼓励进行师-生、生-生、生-本等多种对话方式，不断进行反思、批判、讨论、探究,老师根据学校的实际情况、自身的特点、学生的需求、教学情境的突变性，灵活调整课程方案，不是简单地"复述"课程内容，

而是找到学生个性需求和社会培养需求的结合点。例如，谈淑咏[13]以工程材料课程教学为例，尝试课程思政的融合与实践嵌入工程伦理课程。具体来说，在分析材料的性能与成分时，通过泰坦尼克号海难事故为例，不仅专业上提高学生对钢的韧性与强度关系的认识，而且加强对"生命至上"的工程伦理准则的认识和"始终把人民群众生命安全和身体健康放在第一位"的高尚情怀。因此，未来工程伦理课程提倡在课程实施过程中教学主体相互讨论、从现实问题出发，通过互动探究，将价值观教育融入工程伦理课程，形成学生敬畏自然、心怀国家、承担使命的工程伦理情怀。

### 3. 拓展未来工程伦理课程内容边界

工程价值本身具有多元特性。因此未来的工程伦理教育要求丰富和拓展课程内容，消除工程类专业课程原有的边界感，探索不同课程内容之间的联系。一方面，各门工程伦理课程之间不是独立存在的，应当是不同知识和领域的交融渗透，以构成更宏大的知识体系和课程架构。另一方面，须将工程伦理教育更为深入细致地贯穿在整个工程伦理课程体系中，以独立课程或与专业技术课程、非专业技术课程深度融合的形式开展。因此，未来的课程类型上面，按照课程内容组织方式，分为三类（图1）。第一，以正规课程为主。正式课程包括职业伦理课程、专业课程和思政课程。目的是将通识性的工程伦理作为课程基础，并将工程伦理教育专业性知识渗透各科工程核心专业课，以正规课程形式培养学生的工程伦理素养。课程内容选择方面，建议打破时空维度。如对于历史上成功或失败的著名国际或本土案例进行伦理讨论，比如郑国渠、都江堰伟大工程，近代"汉芯造假案"、库布齐沙漠成功治沙、港珠澳大桥自主研发、国家体育场"鸟巢"的跨学科合作建设等；也可以对未完成或计划完成的工程活动进行未来的伦理预判和假设。第二，以活动课程为辅。以校企合作、科研项目、产学研结合、产教结合、主题式讲座、师徒制合作科研等方式发展学生具身道德认知。第三，重视潜在课程。除了学术性培养，重视非学术性课程培养。"潜在课程作为道德教育的重要方式，比正规课程对学生影响更为长远"[14]。科尔伯格提倡"利用潜在课程进行道德教育"[15]，即每个学校校园文化、师生关系、教学环境有意无意地传递给学生价值、态度、信仰等非学术知识。总之，应鼓励挖掘校本化伦理教育课程资源，使学生在长期的潜在浸染下形成稳定的道德伦理观，并在之后的工程活动中转化为行动。

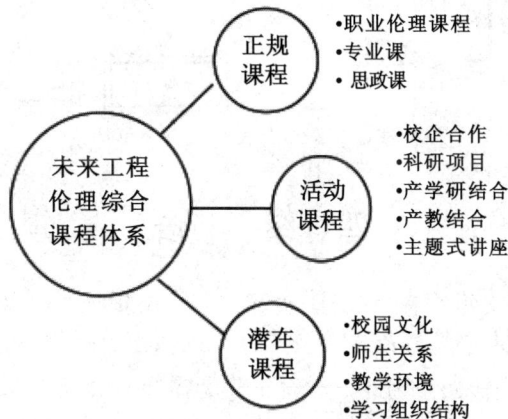

图1　未来工程伦理课程综合类型体系

### 4. 完善未来工程伦理课程评价体系

课程评价作为课程建设的一个重要部分，对于课程发展具有导向意义。工程是一项面临不确定伦理风险的挑战的活动，对于评价主体不能仅仅采用一次性的线性评价范式，需采用多维度的评价标准。第一，从评价功能来看，面向未来的工程伦理课程转变从以往的过度评价学生的知识学习结果，转向对于课程的修正、鉴别的课程评价功能，促进学生在学习过程中工程素养的全面发展。第二，从评价的取向来看，应从精确性、数字化的目标取向转向过程取向的课程评价方式。第三，通过虚拟仿真等虚拟现实场景，通过到位的演练及训练，提高工程类学生在复杂环境下，特别是工厂等实践场合下，遇到突发、紧急情况能作出正确应对的评价权重。因此，未来的工程伦理课程评价应采用综合性评价体系（图2）。在这一体系中需要着重关注以下几个方面。首先，目标取向的评价方式。基于工程协会制定的伦理规范和工程师职业资格认证中的伦理标准中设计的知识点进行技术性的纸笔测验。其次，过程取向的评价方式。这其中包括以下内容：第一，在工程伦理教学实习实践中，鼓励教育者对工程生产、设计、研发、质量、验收等各个过程中学生面对伦理冲突和风险的解决能力进行伦理事先-事中-事后的整体化评价模式。第二，在基于成果转化或项目型实验室的课题中，提倡学生构建实验前-实验中-实验后的工程伦理模型建构。

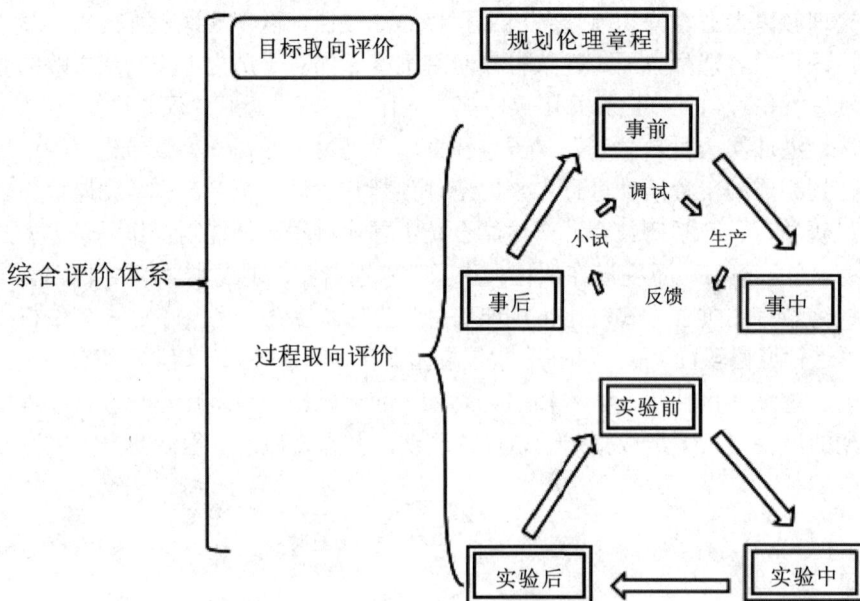

图 2    未来工程伦理课程综合评价体系

## 四、结    语

2020年联合国教科文组织在《2050教育宣言》中提出，人类必须实现"生态正义"（ecological justice）新的未来教育范式转型[16]，未来课程也必须超越人类中心主义的模式，向非人类中心主义的模式转向。因此，教育工作者需要对面向未来的工程伦理课程进行重新审视，鼓励推陈出新，综合利用现代以及将来可能出现的各种新技术、新手段，帮助老师和学生建立新的工程伦理课程观，完成从"个体的理性实践"到"万物的共同价值观"认识论转向。概言之，在"万物一体"宇宙观指导下，工程伦理课程作为培养未来卓越工程师的实践载体和工具，必将实现"致良知"的教育功能，实现人与人、人与社会、人与自然和谐共生的仁者情怀。

# 参 考 文 献

[1] 杨斌, 张满, 沈岩. 推动面向未来发展的中国工程伦理教育[J]. 清华大学教育研究, 2017, 38(4): 1-8.

[2] 张秀华. "做"以成人: 人之存在论问题中的工程存在论意蕴[J]. 哲学研究, 2017(11): 121-126.

[3] 袁利平, 杨阳. 面向未来的课程图景及其实现[J]. 教育科学研究, 2020(4): 10-15.

[4] GWYNNE-EVANS A J, CHETTY M, JUNAID S. Repositioning ethics at the heart of engineering graduate attributes[J]. Australasian journal of engineering education, 2021, 26(1): 7-24.

[5] 马廷奇, 秦甜帆. 工程伦理教育的逻辑起点、现实困境与实践路径[J]. 高教发展与评估, 2022, 38(5): 93-104.

[6] 万舒全, 文成伟. 欧美工程伦理研究的三条进路及启示[J]. 科学技术哲学研究, 2018, 35(6): 62-66.

[7] 万舒全. 共识性伦理: 工程共同体整体伦理的实践基础[J]. 昆明理工大学学报(社会科学版), 2021, 21(3): 33-39.

[8] 李若一, 王牧华. 未来课程的空间建构: 本体理解与实践生成[J]. 课程·教材·教法, 2022, 42(7): 56-62.

[9] 王进, 彭好琪. 工程伦理教育的中国本土化诉求[J]. 现代大学教育, 2018(4): 85-93.

[10] LINDEN R, DE LIEMA D. Viewpoint, embodiment, and roles in STEM learning technologies[J]. Educational technology research and development, 2022, 70(3): 1009-1034.

[11] RAU M A. Comparing multiple theories about learning with physical and virtual representations: conflicting or complementary effects?[J]. Educational psychology review, 2020, 32(2): 297-325.

[12] 王辞晓, 李睿玉, 张幕华. 虚拟实验具身程度及其对学习成效的影响[J]. 开放教育研究, 2022, 28(5): 94-95.

[13] 谈淑咏, 毛向阳, 张传香, 等. 工程伦理与课程思政的融合与实践——以工程材料课程教学为例[J]. 高教学刊, 2022, 8(27): 174-177.

[14] 靳玉乐. 课程论[M]. 2版. 北京: 人民教育出版社, 2019: 261.

[15] POKER C, KOLBERG L. Using a hidden curriculum for moral education[J]. The education digest, 1987, 2(9).

[16] UNESCO. Learning to become with the world: education for future survival [EB/OL]. (2020-11-24) [2021-07-10]. https://en.unesco.org/ futures of education/news/just-publish.

**作者简介:**

高佩琪（1989— ），女，湖南师范大学教育科学学院学校课程与教学论专业在读博士研究生，中小学一级教师，主要从事课程与教学论研究。

张翼（1972— ），男，中南大学化学化工学院教授，博士生导师，主要从事化学相关教学与科研。

# 微信公众平台辅助工程类专业学位研究生伦理意识养成①

张俊鹏，魏雪梅

（大理大学工程学院，云南大理　671003）

**摘　要：**工程伦理作为工程类专业学位研究生的必修课程，为工程类专业学位研究生伦理意识养成提供基本保障。当前，我国工程类专业学位研究生的工程伦理教学存在本土化探索缺乏、师资短缺和伦理意识不足等突出问题。此外，工程伦理教学模式主要来源于西方国家，因而符合中国国情的工程伦理教学内容和方法存在很大改进空间。基于此，从工程伦理教学内容和教学方法两方面设计了工程伦理微信公众平台架构，旨在辅助工程类专业学位研究生伦理意识的养成。

**关键词：**工程伦理教育；微信公众号；专业学位研究生；教学模式；伦理意识

## 一、引　言

工程技术（例如人工智能）在各行各业日益成熟化，并且进入商业化阶段。毫无疑问，工程技术的持续发展和广泛应用给未来人类生产生活带来的正面影响是空前的。但是，为了让工程技术真正有益于人类社会，亟须警惕其在道德与伦理方面存在的各种问题。目前，工程技术参与者主要是工程师，急需哲学、伦理学、法学等其他社会学科的人员参与。为了适应工程技术人才的高质量发展和社会需求，亟待加强工程伦理教育研究。

工程伦理（engineering ethics 或 ethics in engineering）是应用于工程实践的道德原则体系，它与科学、工程、技术等学科密切相关[1]。相比于西方国家，我国工程类专业学位研究生伦理教育起步较晚，其模式主要来自西方国家。当前，本土化的工程伦理教育探索较少，工程伦理教育师资力量薄弱，并且师生对工程伦理教育的认识普遍不足。随着信息时代的到来，传统教学模式（课堂为主）已经难以满足现代化工程伦理教育的需求。因此，探究新的工程伦理教学模式以促进工程类专业学位研究生伦理意识养成成为工程类专业学位研究生培养的重要课题。

面对工程类专业学位研究生，工程伦理教学主要由教学内容和教学方法两部分组成，其新模式势必涉及教学内容和教学方法的改进。作为网络信息产品，微信已经成为网络用户获取信息和信息交流的主要媒介[2]。在我国各行各业，微信作为免费的通信软件，更是成为大家学习、工作和生活的普遍交流工具。特别是在高等院校，为了获取信息和信息交流，微信群、微信朋友圈、微信公众平台等成为大学生和研究生群体使用通信终端的主要方

---

① 资助项目：大理大学第八期教育教学改革研究项目（2022JGY08-53 和 2022JGY08-16）。

式[3, 4]。基于此，本文基于微信，设计工程伦理微信公众平台的架构，旨在让微信公众平台辅助工程类专业学位研究生伦理意识的养成。

# 二、我国工程类专业学位研究生伦理教学现状

我国工程类专业学位研究生培养始于 1990 年，截至 2021 年，专业学位研究生规模已占研究生培养总数的 50%以上。按照全国研究生教育会议精神，未来专业学位研究生招生规模将扩大到研究生招生总规模的 2/3 左右[5]。在工程硕士研究生培养规模不断扩大以及工程活动中伦理道德问题日益突出的双重态势下，工程伦理教育受到极大重视，并逐渐成为工程类研究生培养的基本共识。1998 年肖平教授主持研究的国家社科基金项目"工程伦理研究"，开我国工程伦理研究之先河。2014 年，工程伦理教育论坛指出：要从知识传授和能力培养进一步延伸到价值塑造，而且要把价值塑造作为工程教育的核心目标之一。在此共识下，全国工程专业学位研究生教育指导委员会于当年便启动了工程伦理课程建设，并于 2016 年推出了《工程伦理》教材和在线课程。之后，"工程伦理"作为必修课程列入所有工程硕士专业人才培养方案，并以此作为开展评估评优工作的一项重要依据[6]。2017 年以来，教育部积极推进新工科建设，工程教育进入一个新的阶段。清华大学、浙江大学、北京理工大学、福州大学、华中科技大学、西安交通大学和西南交通大学等高校和培养单位在工程类专业学位研究生伦理意识教育中进行了积极且富有成效的探索，并取得了阶段性经验和成果[2, 3]。然而，与西方国家工程伦理教育相比，我国工程伦理教育存在起步晚、发展水平落后、普及度相对较低等突出问题[7-10]，具体教育现状如图 1 所示。

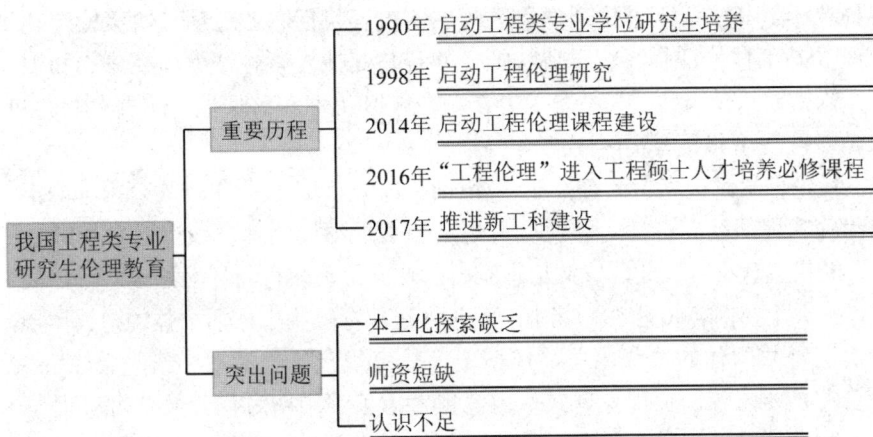

图 1　我国工程类专业学位研究生伦理教育现状

## 1. 工程伦理教育本土化探索缺乏

我国工程伦理教育源于西方国家，与中国实际情况的结合度不足，并且教材和案例主要借鉴国外经验，缺乏高质量教材体系。由于忽视本土经验积累，难以展现中国气派和中国风格。工程伦理教学过程中重理论轻案例、重知识灌输忽视实际问题解决、课程内容缺乏特色，往往将道德教育替代工程伦理教育。工程伦理教育模式的本土化探索缺乏，并且

相关的制度体系、认证体系、课程体系、保障体系也不健全，因而很难满足我国推进新工科建设的需求。

### 2. 工程伦理教育师资短缺

工程伦理教育具备跨学科特征，其课程内容涉及多个学科，知识体系庞杂，需要任课教师具备多学科知识背景。然而，大多数培养单位主要由专业教师或不具备工程类学科背景的思政教师来承担工程伦理授课任务。由于自身工程伦理知识或工程专业知识储备不足，难以将专业技术与工程伦理有机结合。此外，在课程教学过程中，教学方式单一，教学内容脱离实际，因而很难保证工程伦理教育质量。

### 3. 工程伦理教育认识不足

由于工程伦理教育培养体系、师资队伍以及教学内容和方法等方面存在问题，导致师生对工程伦理教育认识不足，难以认同工程伦理教育的价值。许多师生几乎没听说过工程伦理，部分师生听说过但不了解工程伦理。另外，大部分师生将工程伦理课程等同于思政课程，并且不知晓"工程师职业道德规范"。

## 三、我国工程伦理教学内容与方法

### 1. 工程伦理教学内容

工程是人们改造物质世界的各类创造活动，集成技术、经济、知识、管理、社会和伦理等多种要素。其中，工程伦理学研究的主要内容包括职业伦理、决策伦理、政策伦理和实践伦理[11]。工程伦理具有跨学科特征，并且与其他要素（技术、经济、知识、管理和社会要素）紧密联系。因此，其教育内容需要兼顾基础性和前瞻性，注重专业性和交叉性，同时考虑一般性规律和我国实际国情。

美国工程伦理学家迈克尔·戴维斯（Michael Davis）将工程伦理教育内容概括为三个组成部分：明确工程师社会责任、职业行为规范和工程环境伦理，该概括对我国工程伦理教育具有很好的借鉴意义。因此，职业伦理教育、社会伦理教育、环境伦理教育已成为我国工程伦理教育三大主要内容（图2）。其中，职业伦理教育解决工程师个体的道德困境，社会伦理教育解决工程共同体的责任困境，环境伦理教育规范工程活动中人与自然的关系[9, 12]。除了以上三大主要内容，工程伦理教育内容也考虑了我国新时代背景下对工程技术人才的综合要求，即培养综合工程素养高、实践创新能力强、具有广阔国际视野和朴素家国情怀的工程师。

我国工程伦理教育（职业伦理教育、社会伦理教育和环境伦理教育）按照内容特点可分为一般性和本土特色两大类别（图2）。一般性内容包括案例分析（主要来源于真实的历史事件或虚构的情景）、伦理准则、伦理困境或利益冲突、伦理理论（主要包括义务论、功利主义、德性伦理）、工程伦理常用概念、伦理决策工具、工程与法律法规（尤其是知识产权）、工程与可持续发展、工程社团的作用、工程与战争等内容。本土特色内容包括家国情怀、儒家/道家等学派的伦理理论、工匠精神、优秀传统文化、爱国主义、劳模精神等。在具体实施过程中，工程伦理教育内容也可分为通识和主题两部分。通识部分主要探讨工程伦理的基本概念、理论、原则以及具体工程活动中的共性问题。主题部分主要探讨共性伦理问题在不同工程领域的呈现特征和对应的工程伦理规范[9, 12]。

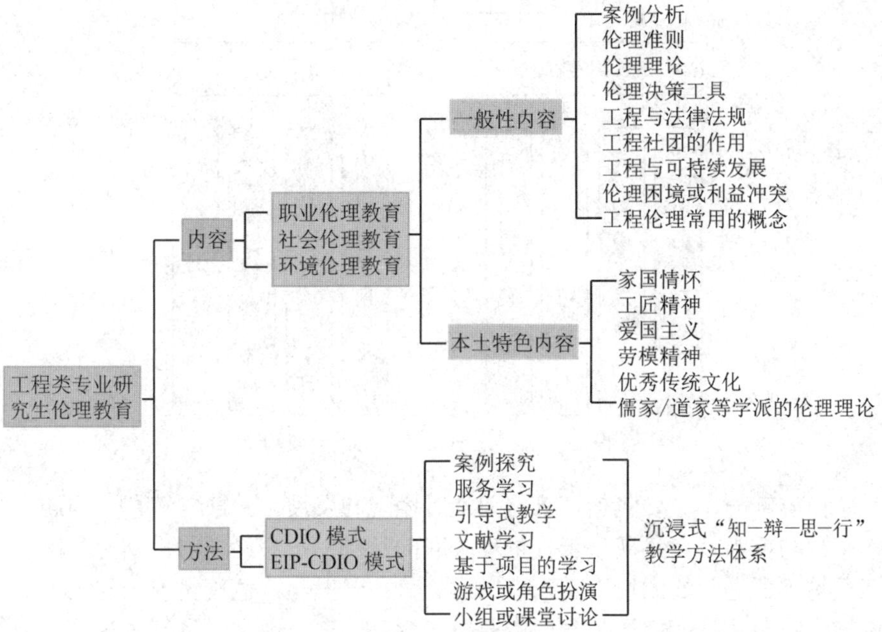

图 2　工程类专业学位研究生伦理教育内容与方法

## 2. 工程伦理教学方法

工程伦理教学模式主要以独立学科与交叉学科的融合理论教学和体验以及活动为主，其典型代表为 CDIO（conceive-design-implement-operate）工程教学模式。在 CDIO 基础上，还提出了 EIP-CDIO（ethics-integrity-professionalism, conceive-design-implement-operate）工程教学模式，即一种注重将职业道德、个人诚信和职业素质与 CDIO 相结合并以培养高级工程专业人才为目标的高等工程教学新模式[7]。

在 CDIO 和 EIP-CDIO 两种教学模式下，工程伦理教学方法上则主要包括案例探究、小组或课堂讨论、引导式教学、文献学习、基于项目的学习、游戏或角色扮演、服务学习等（图 2）。通过融合上述多种教学方法，构建了多层次、多角度的沉浸式"知—辩—思—行"教学方法体系[8]。通过案例教学法，提升学生的工程认知。设置主题讨论、小组讨论和辩论等，探讨共同关注的时事热点，培养学生的工程伦理判断能力。模拟工程实践场景，进行角色扮演，促进学生对工程行为的进行反思。打造多种形式实践平台，引导学生积极融入社会生活，开展好行为教育。

# 四、工程伦理微信公众平台的架构

在 CDIO 和 EIP-CDIO 两种教学模式指导下，工程伦理微信公众平台着力围绕教学内容和教学方法两方面内容进行设计，基本架构如图 3 所示。

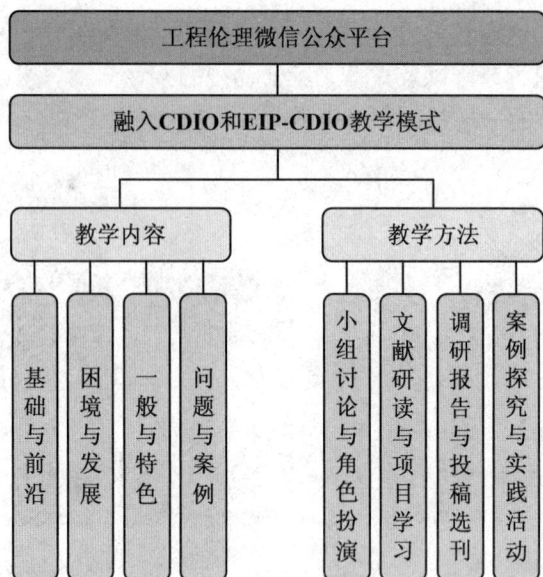

图3    工程伦理微信公众平台架构

在教学内容部分，主要包括基础与前沿、困境与发展、一般与特色、问题与案例四部分内容。基础与前沿重点呈现与工程伦理关联的基础知识和最新前沿动态。困境与发展主要呈现工程伦理所遇到的困境以及未来发展趋势。一般与特色则呈现工程伦理的一般性理论与中国本土特色理论。问题与案例主要以漫画、图表、现实案例等多种形式阐述工程伦理的现实问题以及具体案例。

在教学方法部分，主要包括小组讨论与角色扮演、文献研读与项目学习、调研报告与投稿选刊、案例探究与实践活动。小组讨论与角色扮演注重问题式、启发式和沉浸式教学方法，递进式启发专业学位研究生分析和解决工程伦理问题以及身临其境感知工程伦理问题。文献研读与项目学习注重引导式学习方法，引导专业学位研究生学习工程伦理的基础理论并且学会在项目中应用。调研报告与投稿选刊注重成果式教学方法，鼓励专业学位研究生将调研报告发表在工程伦理微信公众平台。案例探究与实践活动强调实践式教学方法，提高专业学位研究生的工程伦理实践能力。

根据以上基本架构，我们于2021年6月创建了 BMELab 微信公众平台，旨在科普工程研究领域的基础知识、前沿技术以及教育教学。其中，教育教学模块也逐渐加入了工程伦理内容。

# 五、结    语

工程伦理是工程类专业学位研究生的必修课程，也是工程类专业学位研究生伦理意识养成的基本保障。开展工程伦理教学之前，需要以社会需求为导向，开展有针对性的教学内容和教学方法设计。本文对我国工程类专业学位研究生伦理教育现状、我国工程伦理教学内容与方法、工程伦理微信公众平台的架构进行了初步分析和探讨。为了更好地辅助工程类专业学位研究生伦理意识的养成，本文从教学内容和教学方法两部分设计了工程伦理微信公众平台架构，并且初步创建了 BMELab 微信公众平台科普工程伦理内容。未来，在实施过程中，还需要不断完善工程伦理微信公众平台架构内教学内容和教学方法。此外，工程伦理微信公众平台实施后，教学反馈（例如专业学位研究生对工程伦理微信公众平台的学习反馈）和教学反思（例如工程伦理微信公众平台对教师的辅助效果）也是完善工程伦理微信公众平台的重要举措。

# 参 考 文 献

[1]　HARRIS Jr C E, DAVIS M, PRITCHARD M S, et al. Engineering ethics: what? why? how? and when?[J]. Journal of engineering education, 1996, 85(2):93-96.

[2]　杨婧, 靳杰. 基于微信的用户信息行为研究[J]. 农业图书情报学刊, 2015, 27(7): 83-86.

[3]　刘丽, 徐文静, 侯晓兰. 大学生微信公众号使用情况调查研究[J]. 采写编, 2016(6): 1.

[4]　张俊鹏, 赵春文, 周池春, 等. 微信公众平台助力"生物医学工程"课程教学改革[J]. 大理大学学报, 2022, 7(12): 43-46.

[5]　李伟, 闫广芬. 我国专业学位研究生教育发展的回溯与前瞻[J]. 高校教育管理, 2021, 15(3): 92-103.

[6]　李正风, 丛杭青, 王前, 等. 工程伦理[M]. 北京: 清华大学出版社, 2016: 328.

[7]　戚建, 黄艳. 新工科背景下高校研究生工程伦理教育的优化[J]. 学校党建与思想教育, 2022(4): 57-59.

[8]　沈艳. 新时代背景下的工程伦理教育探索与实践[J]. 创新创业理论研究与实践, 2022, 5(2): 150-152.

[9]　孙丽丽, 张婷婷. 新工科视角下工程伦理教育的现状分析与对策研究[J]. 长春大学学报, 2021, 31(6): 44-48.

[10]　汤敏. 我国工程伦理教育发展的问题及对策研究[D]. 成都: 成都理工大学, 2010.

[11]　李伯聪. 关于工程伦理学的对象和范围的几个问题——三谈关于工程伦理学的若干问题[J]. 伦理学研究, 2006(6): 24-30.

[12]　李恒. 工程伦理教育的关键机制研究[D]. 杭州: 浙江大学, 2021.

**作者简介：**

张俊鹏（1987—　　），男，博士，副教授，研究方向：电子信息和生物信息学。

魏雪梅（1980—　　），女，博士，讲师，研究方向：电子信息和生物信息学。